风力发电职业技能鉴定教材

风力发电机组电气装调工——高级

《风力发电职业技能鉴定教材》编写委员会　组织编写

U0313626

知识产权出版社

全国百佳图书出版单位

图书在版编目（CIP）数据

风力发电机组电气装调工：高级/《风力发电职业技能鉴定教材》编写委员会组织编写 .—北京：知识产权出版社，2016.6

风力发电职业技能鉴定教材

ISBN 978-7-5130-3910-9

Ⅰ.①风…　Ⅱ.①风…　Ⅲ.①风力发电机—发电机组—电气设备—装配（机械）②风力发电机—发电机组—电气设备—调试方法　Ⅳ.①TM315

中国版本图书馆 CIP 数据核字（2015）第 273068 号

内容提要

本书主要介绍电缆准备与电气连接、发电机装配、电源变流器装配、偏航、变桨系统、装配、冷却控制系统装配，以及风电机组厂内调试前准备等理论知识和设计原理；同时，还介绍了电气的原理，元器件设备及电缆的设计选型原理。

本书的特点是从风电专业出发，论述了风电机组中主要电气部件和基本的电气原理，体现了电气在风电行业中的应用。

本书可以作为风电行业从业人员及相关工程技术人员参考用书使用。

策划编辑：刘晓庆

责任编辑：刘晓庆　于晓菲　　　　　　　　　　　**责任出版：**孙婷婷

风力发电职业技能鉴定教材

风力发电机组电气装调工——高级

FENGLI FADIAN JIZU DIANQI ZHUANGTIAOGONG——GAOJI

《风力发电职业技能鉴定教材》编写委员会　组织编写

出版发行：**知识产权出版社** 有限责任公司	网　　址：http：//www.ipph.cn
电　　话：010-82004826	http：//www.laichushu.com
社　　址：北京市海淀区西外太平庄 55 号	邮　　编：100081
责编电话：010-82000860 转 8363	责编邮箱：yuxiaofei@cnipr.com
发行电话：010-82000860 转 8101/8029	发行传真：010-82000893/82003279
印　　刷：北京嘉恒彩色印刷有限责任公司	经　　销：各大网上书店、新华书店及相关专业书店
开　　本：787mm×1000mm　1/16	印　　张：11.25
版　　次：2016 年 6 月第 1 版	印　　次：2016 年 6 月第 1 次印刷
字　　数：183 千字	定　　价：30.00 元

ISBN 978-7-5130-3910-9

《风力发电职业技能鉴定教材》编写委员会

委员会名单

序　言

近年来，我国风力发电产业发展迅速。自 2010 年年底至今，风力发电总装机容量连续 5 年位居世界第一，风力发电机组关键技术日趋成熟，风力发电整机制造企业已基本掌握兆瓦级风力发电机组关键技术，形成了覆盖风力发电场勘测、设计、施工、安装、运行、维护、管理，以及风力发电机组研发、制造等方面的全产业链条。目前，风力发电机组研发专业人员、高级管理人员、制造专业人员和高级技工等人才储备不足，尚未能满足我国风力发电产业发展的需求。

对此，中国电器工业协会委托下属风力发电电器设备分会开展了技术创新、质量提升、标准研究、职业培训等方面工作。其中，对于风力发电机组制造工专业人员的培养和鉴定方面，开展了如下工作：

2012 年 8 月起，中国电器工业协会风力发电电器设备分会组织开展风力发电机组制造工领域职业标准、考评大纲、试题库和培训教材等方面的编制工作。

2012 年年底，中国电器工业协会风力发电电器设备分会组织风力发电行业相关专家，研究并提出了"风力发电机组电气装调工""风力发电机组机械装调工""风力发电机组维修保养工""风力发电机组叶片成型工"共四个风力发电机组制造工职业工种需求，并将其纳入《中华人民共和国职业分类大典（2015版）》。

2014 年 12 月初，由中国电器工业协会风力发电电器设备分会与金风大学联合承办了"机械行业职业技能鉴定风力发电北京点"，双方联合牵头开展了风力发电机组制造工相关国家职业技能标准的编制工作，并依据标准，组织了本套教材的编制。

希望本教材的出版，能够帮助风力发电制造企业、大专院校等，在培养风力发电机组制造工方面，提供一定的帮助和指导。

中国电器工业协会

前　言

为促进风力发电行业职业技能鉴定点的规范化运作，推动风力发电行业职业培训与职业技能鉴定工作的有效开展，大力培养更多的专业风力发电人才，中国电器工业协会风力发电电器设备分会与金风大学在合作筹建风力发电行业职业技能鉴定点的基础上，共同组织完成了风力发电机组维修保养工、风力发电机组电器装调工和风力发电机组机械装调工，三个工种不同级别的风力发电行业职业技能鉴定系列培训教材。

本套教材是以"以职业活动为导向，以职业技能为核心"为指导思想，突出职业培训特色，以鉴定人员能够"易懂、易学、易用"为基本原则，力求通俗易懂、理论联系实际，体现了实用性和可操作性。在结构上，教材针对风力发电行业三个特有职业领域，分为初级、中级和高级三个级别，按照模块化的方式进行编写。《风力发电机组维修保养工》涵盖风力发电机组维修保养中各种维修工具的辨识、使用方法、风机零部件结构、运行原理、故障检查，故障维修，以及安全事项等内容。《风力发电机组电气装调工》涵盖风力发电机电器装配工具辨识、工具使用方法、偏航变桨系统装配、冷却控制系统装配，以及装配注意事项和安全等内容。《风力发电机组机械装调工》涵盖风力发电机组各机械结构部件的辨识与装配，如机舱、轮毂、变桨系统、传动链、联轴器、制动器、液压站、齿轮箱等部件。每本教材的编写涵盖了风力发电行业相关职业标准的基本要求，各职业技能部分的章对应该职业标准中的"职业功能"，节对应标准中的"工作内容"，节中阐述的内容对应标准中的"技能要求"和"相关知识"。本套教材既注重理论又充分联系实际，应用了大量真实的操作图片及操作流程案例，方便读者直观学习，快速辨识各个部件，掌握风机相关工种的操作流程及操作方法，解决实际工作中的问题。本套教材可作为风力发电行业相关从业人员参加等级培训、职业技能鉴定使用，也可作为有关技术人员自学的参考用书。

本套教材的编写得到了风力发电行业骨干企业金风科技的大力支持。金风科技内部各相关岗位技术专家承担了整体教材的编写工作，金风科技相关技术专家对全书进行了审阅。中国电器协会风力发电电器设备分会的专家对全书组织了集中审稿，并提供了大量的帮助，知识产权出版社策划编辑对书籍编写、组稿给予了极大的支持。借此一隅，向所有为本书的编写、审核、编辑、出版提供帮助与支持的工作人员表示感谢！

《风力发电机组电气装调工——高级》系本套教材之一。第一章和第二章由于晓飞负责编写，第三章和第四章由王大伟负责编写，第五章由李永生负责编写。

由于时间仓促，编写过程中难免有疏漏和不足之处，欢迎广大读者和专家提出宝贵意见和建议。

《风力发电职业技能鉴定教材》编写委员会

目　录

第一章　电缆准备与电气连接

学习目的：

1. 编制线缆准备工艺工序文件。

2. 完成发电机组控制柜、机舱塔筒照明电源供电回路电气连接。

3. 完成基础环、塔基控制柜的线缆与塔筒的电气连接。

4. 指导将盘卷在机舱内的线缆沿塔筒放下，放置在马鞍上，并完成其与塔筒下部线缆的电气连接。

5. 完成风电机组避雷针的安装接线。

第一节　电缆准备

一、线缆准备工艺要求

（一）准备电缆标号

（1）根据图纸和走线方案，选用适合的号码管用号码机打号。

（2）标号要求清晰、不褪色。字体为仿宋体，不得涂写。

（3）标号视读方向：以维护面为准，自下而上，自左而右。

（二）准备线缆注意事项

（1）确认电缆规格和型号。因为电缆包含主干电缆和支线电缆，而且两者规格结构不同，因此有以下两种表示方法。

主干电缆和支线电缆分别表示，如干线电缆：FD-YJV-4×185 mm² +1×95 mm²；0.6/1 kV 支线电缆：FD-YJV-4×25 mm² +1×6 mm²。0.6/1 kV 这种表示方法较为简明，可以方便地表示出支线规格的不同。

主干电缆和支线电缆连同表示，如 FD-YJV-4×185/25 mm² +1×95/16 mm²。0.6/1 kV 这种方法比较直观，但仅限于支线电缆为同一种规格的情况，无法表示支线的不同规格。由于分支电缆主要由于 1 kV 低压配电系统，因此在一般其额定电压在 0.6/1 kV 时，可以省略。

电缆型号的含义，见图 1-1。

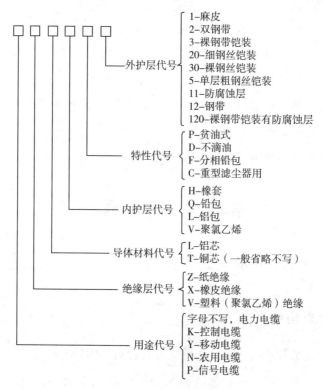

图 1-1 电缆型号的含义

应根据电缆规格型号的标识方法，确定电缆规格型号是否符合文件设计要求，并选定相适应的电缆备线。

（2）检验绝缘层厚度和圆形线芯的直径。线芯直径误差不大于标称直径的 1%。线芯导体有光泽，直流电阻、导体结构尺寸等符合国家标准要求。符合国家标准要求的电线电缆产品，不论是铝材料导体，还是铜材料导体都比较光亮、无油污，因而导体的直流电阻完全符合国家标准，具有良好的导电性能，安全性高。

（3）检查电缆表面有无损伤。外观要求圆整，护套、绝缘、导体紧密，不易剥开，且没有其他质量问题。

（4）量取电缆长度。电缆长度一定要符合电气工艺接线指导书的标准和电气通用规范的要求。

（5）电缆断线时，必须用断线钳等专用工具切断电缆。若未能完全切断，不可用力扯拽。在线缆的截取制作过程中，要根据线缆型号和工作环境的实际情况，选用合适的截取线缆工具。截取的线缆必须达到相应的工艺要求，保证效果美观。

二、工艺文件编制规则

（一）确定工艺方案

1. 工艺方案设计的原则

（1）产品工艺方案是指导产品工艺准备工作的依据。产品在试制、小批试制和批量生产过程中，都应设计工艺方案。

（2）产品工艺方案应满足设计要求，采用成熟的、先进的工艺。工艺方案应简单方便，满足产能要求。

（3）设计工艺方案应在保证产品质量的同时，充分利用现有资源。同时，还要考虑生产周期、成本和环境保护等问题。

（4）根据本企业能力，积极采用国内外先进工艺技术和装备，不断提高企业的工艺水平。

2. 工艺方案的依据

（1）产品图纸和有关技术文件。

（2）产品生产纲领。

（3）产品的生产性质和生产类型。

（4）企业的现有生产条件。

（5）国内外同类产品的工艺技术情报。

（6）有关技术政策。

（7）企业有关技术领导对该产品工艺工作的要求及有关部门和车间的意见。

3. 新产品试制工艺方案

（1）新产品小批试制工艺方案。

新产品小批试制工艺方案应在总结样机试制工作的基础上，提出批量试制前所需的各项工艺技术的准备工作。

（2）新产品批量生产工艺方案。

批量生产工艺方案应在总结小批试制情况的基础上，提出批量生产前需进一步改进完善工艺、工装，以及生产组织措施的意见和建议。

4. 老产品改进工艺方案

老产品改进工艺方案主要是提出老产品改进设计后的工艺组织措施，主要指重大的工艺改进。

（二）工艺方案的内容

1. 新产品试制工艺方案的内容

（1）对产品结构工艺性的评价和对工艺工作量的大体估计。

（2）提出必需的特殊设备的购置或设计、改装意见。

（3）提出必备的专用工艺装备设计、制造意见。

2. 新产品小批试制工艺方案的内容

（1）对样机试制阶段工艺工作的小结。

（2）提出应设计的全部文件和要求。

（3）提出对专用工艺装备的设计意见。

（4）提出对专用设备的设计或购置意见。

（5）对工艺、工装的验证要求。

（6）根据技术要求所需的其他内容。

3. 批量生产工艺方案的主要内容

（1）对小批试制阶段工艺、工装验证情况的小结。

（2）关键工序质量控制点设置意见。

（3）工艺文件和工艺装备的进一步修改和完善意见。

（4）专用设备或生产自动线的设计制造意见。

（5）对生产节拍的安排和生产方式的建议。

（6）装配方案和车间平面布置的调整意见。

4. 老产品改进工艺方案的内容

老产品改进工艺方案的内容可参照新产品的有关工艺方案内容执行。

（三）编制工艺流程图

1. 流程图的编制依据

（1）已确定的工艺方案。

（2）产品图纸和有关技术文件。

2. 编制工艺流程图的要求

（1）工艺流程正确，装配顺序不能前后颠倒。

（2）工艺流程应能保证作业质量。

（3）工艺流程能使设备的使用和人员的利用率较高。

（4）工艺流程应能使物流顺畅，满足产能要求。

（5）工艺流程图要求清晰明了。

3. 流程图的格式（见图1-2）

图1-2　流程图的格式示例

（四）编制工艺

1. 编制工艺的依据

（1）已确定的工艺方案。

（2）工艺流程图。

（3）产品图纸和有关技术文件。

2. 工艺的分类

（1）新产品试制工艺。新产品试制工艺应在样机试制前进行编制，主要以文字叙述为主，配三维视图或图纸加以说明。文件主要用于样机试制装配用，工艺由系统内签字完成后，应由研发相关部门签字确认，并由工艺管理中心会签。

（2）新产品小批试制工艺。新产品小批试制工艺是在样机试制完成后，小批试制前进行编制。在新产品样机试制工艺的基础上，依据小批试制图纸加以完善、换版。同时，还应编制装配工序指导卡、支持性文件和包装运输技术要求。工艺由管理系统内签字并完成下发。

（3）批量生产工艺。批量生产工艺是在小批试制后，批量生产前进行编制。在新产品小批试制工艺的基础上，依据批量生产图纸加以完善、换版。同时，还应编制装配工序指导卡、支持性文件和包装运输技术要求。工艺文件主要用于经营管理、生产管理、生产计划、培训、批量生产等。工艺由管理系统内签字完成下发。

（4）临时工艺、修补工艺、试验工艺。临时工艺、修补工艺、试验工艺是在各阶段工艺工作中按需要编制的工艺，用于指导生产。其关键工序由管理系统内签字完成后，应由研发相关部门签字确认，由工艺管理中心会签。一般工序由管理系统内签字完成后可指导生产。

3. 电气工艺的内容

（1）电气安装接线工艺（发电机部分）。

（2）电气安装接线工艺（变桨系统）。

（3）电气安装接线工艺（机舱部分）。

4. 工艺编制的要求

（1）工艺内容应正确。

（2）工艺内容应完整，包括装配工序、装配技术要求等，没有漏项。

（3）工艺内容应与工艺方案、装配流程统一。

（4）工艺编制应条理清楚，思路清晰。

（5）工艺应能保证产品质量。

（6）装配顺序应安全、方便、简捷。

（7）新产品样机试制工艺应能指导生产装配。

编制工艺文件应在保证产品质量和有利于稳定生产的条件下，用最经济、最合理的工艺手段，并坚持少而精的原则。为此，要做到以下六点。

①既要具有经济上的合理性和技术上的先进性，又要考虑企业的实际情况，具有适应性。

②必须严格控制与设计文件的内容相符合，应尽量体现设计的意图，最大限度地保证设计质量。

③要力求文件内容完整正确、简洁明了、条理清楚、规范严谨。并尽量采用视图表达。要做到不需要口头解释，根据工艺规程就可以进行一切工艺活动。

④要体现品质观念，对质量的关键部位和薄弱环节应重点加以说明。

⑤尽量提高工艺规程的通用性，应将一些通用的工艺上升为通用工艺。

⑥表达形式应具有较大的灵活性和适应性。当发生变化时，文件需要重新将编制的比例压缩到最低程度。

第二节　电气接线

一、现场电气连接的工艺要求

（一）发电机组控制柜、机舱塔筒照明电源供电回路的电气连接❶

1. 发电机组控制柜的电气连接

风电机组控制柜的电气连接技术要求及工艺步骤包括以下几点。

（1）机舱内控制柜接线和电缆排布，从低压控制柜到机舱柜的电源线采用哈丁连接器相连，电缆沿桥架排布至机舱控制柜下方，接到柜体左侧哈丁连接器上，见图1-3。机舱安全链电缆接到机舱柜的右侧，见图1-4。发电机开关柜侧的电缆，沿电缆桥架排布至开关柜1#前端哈丁连接器上，见图1-5。注意在连接

---

❶ 所有的电气连接工艺要求都以1.5 MW永磁直驱风机机型为例。

时，要连接器相互对应，哈丁连接器上都有相应的标识区分。

图 1-3　机舱柜电源线连接器

图 1-4　机舱柜安全链电缆连接器

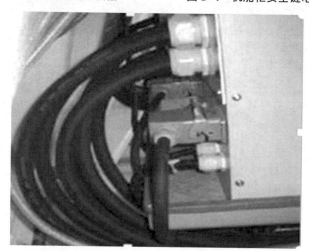

图 1-5　开关柜 1 连接器

　　（2）机舱内大部分电缆在出厂前已经完成接线，但是还有一些控制电缆需要现场完成接线。在电缆排布时，要按照桥架排布。在电缆与桥架接触部分，要使用缠绕管防护。在机舱柜下方的电缆，要保证留有弧度，电缆之间不得有交叉现象，见图 1-6。

图 1-6　机舱柜下发电缆排布

（3）电缆应从工艺规定的 PG 锁母穿入机舱柜内，不用的 PG 锁母要上紧，以保证柜内的密封效果良好，见图 1-6。

注意事项

在放线时，不得出现电缆交叉和不平整的现象。在电缆排布时，要保证电缆有余量，电缆弧度要尽量一致。带哈丁连接器的电缆放线时，要检查电缆两头的哈丁连接器不要颠倒，每个连接器上都要有标识说明。

2. 机舱塔筒照明电源供电回路电气连接

（1）机舱内照明灯的接线与安装。制作电缆头，外层护套剥除 50 mm。用剥线钳 1.5 mm² 的切口剥除电缆内芯端头 10 mm，再用压线钳压接 1.5 mm² 管形预绝缘端子。

按照并联方式，根据工艺要求用 5.4 m 的电缆连接左右两个机舱照明灯。然后，用 5 m 的电缆连接机舱左侧照明灯和机舱控制柜，即并联节点在左侧照明灯内，见图 1-7 和图 1-8。

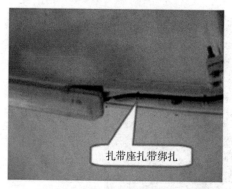

图 1-7　机舱内左侧照明灯安装

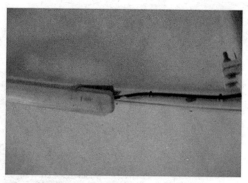

图 1-8　机舱内右侧照明灯安装

（2）机舱塔筒内照明灯的接线和安装。机舱塔筒照明电气连接所需材料，见表 1-1。

表 1-1　材料清单

序号	材料名称	规格	数量	单位
1	管型预绝缘端子	RTB 1.5 mm^2	25	个
2	尼龙扎带	150×3.6 mm	10	根

机舱塔筒照明电气连接所需工具，见表 1-2。

表 1-2　工具清单

序号	工具名称	规格	数量	单位
1	斜口钳	—	1	把
2	端子起	—	1	把
3	剥线钳	—	1	把
4	压线钳	—	1	把
5	美工刀	—	1	把

照明灯安装和布线接线时应注意如下事项。

在敷设电缆前，可以先将塔筒灯安装上，以方便塔筒内电缆的敷设。但是要注意避免在放电缆时将灯砸坏。

将照明灯和插座安装到塔壁灯座上，在安装照明灯线时，预留电缆到塔壁灯座处长度。接线时，将电缆截断，将电缆接头连接到插座上，塔筒照明电缆接线，见表1-3。

表1-3　塔筒照明接线

序号	电缆名称	规格	长度（m）	电缆标号	接线端口		
						机舱柜侧	塔筒灯侧
1	塔筒照明	$3×1.5\ mm^2$	61.6 m 塔架单位根长 69 m 62.8 m 塔架单位根长 70 m 66.6 m 塔架单位根长 74 m 67.8 m 塔架单位根长 75 m （即塔架高加 7.4 m） 73 m 塔架单根长 80.5 m	—	棕色	−X106.2：1	插座端子
					蓝色	−X106.2：2	插座端子
					黄绿色（屏蔽层）	−X106.2：PE	插座端子

（3）使用时，将塔筒灯的插头连接到插座上即可。上电前，要用万用表检查线路情况。

（二）机舱内的线缆与塔筒下部线缆进行电气连接

技术要求和工艺步骤。

1. 电缆布线的准备工作

首先，将 12 根 $185\ mm^2$ 电缆和机舱控制电缆放到机舱平台内。在敷设电缆前，要检查电缆数量、规格型号等是否有缺失和损坏等现象。在敷设电缆时，要注意安全。由于需要在平台上下同时工作，需要工作人员配备安全帽、安全绳、安全衣等安全设备。在安装前，要先在每节塔筒平台处安装临时照明灯。照明电缆应固定在爬梯上，接头要牢固可靠，不得有铜丝外露的地方。

2. 电缆做标识

在每根电缆前端 500 cm 处，用相序带在每根电缆上做好标识，也可用纸粘带记号笔在电缆上标识电缆相序和线号。每根电缆两端标识要保持一致，将绕组 1 上的 6 根电缆缠一道相序带，绕组 2 上的 6 根电缆缠二道相序带，以避免放线时混淆电缆，方便区分。

3. 电缆布线

机舱电缆槽内的电缆排布如表1-4 和表1-5所示，约定为面向发电机电缆槽内从左至右（为了方便现场人员的施工，特对电缆编号做如下规定，以简化电缆编号名称）。

表 1-4 机舱平台电缆桥架内电缆排布表

开关柜一	A	B	C
第二层	6	5	4
第一层	3	2	1

表 1-5 机舱平台电缆桥架内电缆排布表

开关柜二	A	B	C
第二层	12	11	10
第一层	9	8	7

4. 电缆的布线顺序

放线顺序也要按照以下顺序进行：1 号、2 号、3 号、4 号、5 号、6 号、7 号、8 号、9 号、10 号、11 号、12 号主电缆，然后是控制电缆的 $5×6~mm^2$ 机舱动力线、$10×1~mm^2$ 机舱安全链、$10×1~mm^2$ 开关柜控制线、$10×1~mm^2$ 开关柜控制线，$3×1.5~mm^2$ 塔筒照明电缆、光纤和网线。

5. 马鞍处电缆的排布

马鞍处电缆排布顺序为，面向夹板方向从右至左依次为：1 号、2 号、3 号、4 号、5 号、6 号、7 号、8 号、9 号、10 号、11 号、12 号主电缆，$5×6~mm^2$、$10×1~mm^2$、$10×1~mm^2$、$10×1~mm^2$、$3×1.5~mm^2$ 光纤和网线。其中，除 $185~mm^2$ 主动力电缆必须平铺、不得重叠外，其余电缆位置不够可以重叠。如果发现马鞍子表面不光滑，要用橡胶垫来防护。

6. 电缆夹板内的电缆排布

电缆夹板内电缆位置的排布，见图 1-9。在敷设电缆前，需要先将电缆夹板螺栓拆下，将螺栓妥善保管（建议施工人员配备工具包，将工具螺栓等物品放在包里避免掉落）。控制电缆夹板位置，见图 1-10 和图 1-11。控制电缆夹板共有 3 层 11 个孔，夹板内控制电缆放置顺序为：第一层的孔 1 穿 $5×6~mm^2$ 机舱动力电缆，孔 3 穿光纤；第二层的孔 4 穿 $3×1.5~mm^2$ 塔筒照明电缆，孔 5 穿 $10×1~mm^2$

机舱安全链电缆，孔6、孔7穿10×1 mm² 发电机开关柜控制电缆；第三层的孔9穿网线。有些夹板孔径和电缆外径有些差异，如果个别孔径大了，要么重新处理电缆夹板，要么用电缆的绝缘胶皮垫，或者采购一些旧胶皮来包裹电缆。

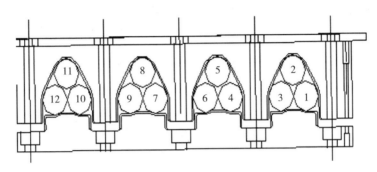

图1-9 电缆夹板处电缆排布

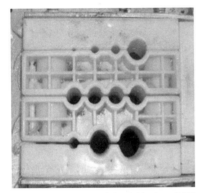

图1-10 控制电缆夹板穿线孔示意图1

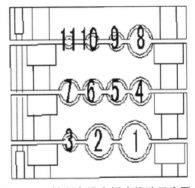

图1-11 控制电缆夹板穿线孔示意图2

7. 网线与光纤敷设

在敷设网线和光纤时，要注意避免打结、交叉、挤压等现象发生。光缆不走电缆护圈，从平台向下伸出1.5 m，然后回弯1.5 m，使光缆底部弯弧距第一个电缆护圈0.5 m高，形成扭缆余量，见图1-12。沿着顶端爬梯固定夹板绑扎，一直从爬梯右侧塔筒上U型环至夹板处，见图1-14。光纤头部在放线时，要做好防护。在和金属支架接触部分，要用缠绕管防护，见图1-13。

图 1-12　光纤和网线电缆布线示意图

图 1-13　光纤放线示意图

图 1-14　光纤和网线电缆走线示意图

8. 塔筒敷设电缆人员的安排与注意事项

在安排电缆敷设人员时，建议在机舱上部安排 3 人，马鞍子处安排 2 人，下层面的平台每层平台 1 人，机舱上面安排电缆人员。在放电缆时，要保证将电缆的扭力释放掉，避免电缆鼓包，可借助使用专门制作的放线工装来避免电缆产生扭力。在放到最后剩 8 m 左右时，停止放电缆。将电缆排布在电缆桥架上至开关柜处，电缆在开关柜处留好余量。

9. 第三段塔筒马鞍子支架处电缆的敷设

第三段塔筒马鞍子支架处电缆的处理，先用绑扎带将电缆固定牢固，防止电缆自然下滑。电缆放置在马鞍上之前，需要留出一段弧垂，弧垂下端距上马鞍支架平台 300 mm，再用卷尺测量调整高度。同样，在下平台处的马鞍子也要预留弧度，距离变流柜顶部 300 mm。如果发现马鞍子上面不光滑、有毛刺等现象，需要在马鞍子处用橡胶垫防护。当马鞍子处电缆调整完成后，用 530×9 mm 扎线带将电缆捆扎，塔筒下部马鞍子处电缆也需绑扎，见图 1-15 和图 1-16。

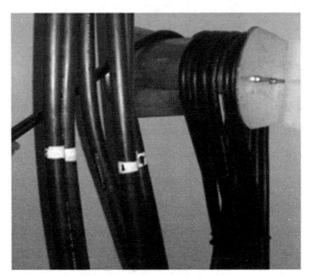

图 1-15 马鞍子处电缆绑扎

图 1-16 马鞍子处电缆绑扎

10. 塔筒护圈的安装

在四个电缆护圈的位置，用电缆护圈将电缆箍紧。然后，将电缆护圈上下两端的螺栓上紧，再用上下各4根扎线带将电缆护圈与电缆绑扎，见图1-17。

图1-17 塔筒护圈安装示意图

11. 塔筒电缆敷设的材料清单（见表1-6）

表1-6 材料清单

序号	材抖名称	规格	数量	单位	备注
1	尼龙扎带	300×3.6 mm	60	根	固定电缆
2	尼龙扎带	530×9 mm	100	根	固定电缆
3	缠绕管	φ10	2	m	电缆防护使用
4	橡胶垫	根据需要采购	—	—	电缆防护使用
5	相序带	黄色、绿色、红色	1	卷	电缆标识使用
6	纸胶带	—	1	卷	电缆标识使用

12. 塔筒电缆敷设的工具清单（见表1-7）

表1-7 工具清单

序号	工具名称	规格	数量	单位	备注
1	开口扳手	18 mm	2	把	拆卸电缆夹板使用
2	工具包	—	1	个	拆卸电缆夹板使用
3	卷尺	—	1	个	测量电缆余量弧度使用
4	记号笔	—	1	支	电缆标识使用

四、风电机组避雷针的接地线布线

避雷针的布线方式，见图1-18。机舱罩上安装固定座，用尼龙绑扎带固定避雷针接地电缆。

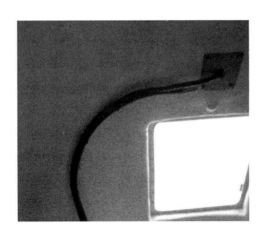

图1-18 避雷针接地线的布线

安装避雷针接地线使用的材料，见表1-8。

表1-8 材料清单

序号	材料名称	规格	数量	单位	备注
1	热缩套	$\phi40$	0.6	m	—
2	铜编织带（镀锡）	70 mm²/160 mm/$\phi10$	9（12）	根	三段塔筒9根，四段塔筒12根

续表

序号	材料名称	规格	数量	单位	备注
3	铜镀锡电缆接线鼻子	DT185-φ12	4	个	制作接地线使用
4	导电膏	—	20	g	—
5	PVC 绝缘胶带	—	少许	卷	—
6	防水绝缘胶带	—	少许	卷	—
7	镀铬自喷漆	—	1	瓶	—

安装避雷针接地线使用的工具，见表1-9。

表1-9　工具清单

序号	工具名称	规格	数量	单位
1	断线钳	—	1	把
2	压线钳	—	1	把
3	开口扳手	13 mm	1	把
4	磨光机	—	1	把
5	热风枪	—	1	把
6	开口扳手	18 mm	2	把

注意事项：

多雷雨地区，在塔筒吊装完成后，要及时完成避雷针安装和接地系统，避免雷电对人身及设备造成损坏。

二、基础环、塔基控制线缆外形和接线工艺

（一）基础环、塔基控制柜的线缆与塔筒的电气连接

1. 基础环的接地连接

基础环上安装接地耳板，接地耳板与接地系统的接地扁钢相焊接。电器的接地电缆要固定在接地耳板上，见图1-19。基础环接地耳板与电抗器支架接地汇流排连接，用2根1×185 mm² 电缆来压接环形端子，见图1-20。

图 1-19　基础环接地耳板

图 1-20　汇流排接地与基础环接地耳板连接

2. 主控柜与其他柜体之间的电缆接线与电缆接线

（1）主控柜与其他柜体之间的电缆接线。其技术要求和工艺步骤包括以下内容。

① 塔筒下部柜体之间的电缆相连，电缆沿柜体上部横梁排布，见图 1-21。电缆采用连接器连接，在连接器上都有标识，见图 1-22。主控柜与水冷柜、变流柜之间的布线、接线，见图 1-23 和图 1-24。

图 1-21　主控柜上部电缆连接器插座

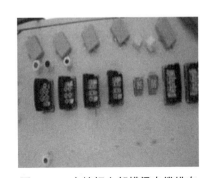

图 1-22　主控柜上部横梁电缆排布

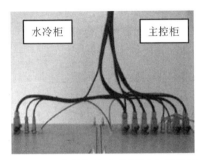

图 1-23　主控柜和水冷柜侧电缆连接

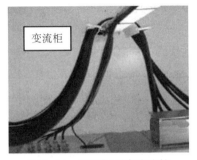

图 1-24　变流柜侧电缆连接

② 主控柜到变流柜控制电缆和连接，安装时要按照表1-10所示进行操作。

表1-10　主控柜到变流柜电缆的连接对照表

序号	电缆名称	规格	长度（m）	电缆标号	接线端口	
					主控柜侧（母头）	变流柜侧（公头）
1	主控柜电源电缆（690V AC）	KXF-3×10 mm²	7	W2.2	XS2.1	XAF
2	变流器电源电缆（400V AC）	KXF-5×4 mm²	4.8	W3.1	XS3.1	XAA
3	变流柜控制电缆	KXF-10×1 mm²	5.3	W8.1	XS8	XAC

③ 主控柜到变流柜网侧电流互感器的电缆连接，此电缆没有连接器需要从柜顶穿入到接线端子上，接线见表1-11。

表1-11　主控柜到网侧电流互感器电缆连接对照表

电缆名称	规格	长度（m）	电缆标号	缆芯颜色或线号	接线端口	
					变流柜侧	主控柜侧
主控柜至变流柜电流互感器回路电缆	4×1.5 mm²	7 m	W16.1	棕	1X5：1	X16.1：1
				蓝	1X5：3	X16.1：2
				黑	1X5：5	X16.1：3
				黄绿	1X5：2、4、6	X16.1：4

④ 水冷柜到变流柜的电缆连接，见表1-12。

表1-12　水冷柜到变流柜的电缆接线对照表

序号	电缆名称	规格	长度（m）	电缆标号	缆芯颜色或线号	接线端口	
						水冷柜侧	变流柜侧
1	变流柜 UPS 电缆	KXF-3×1.5 mm²	5.6	W152.2		XS152.1（公头）	XAB（母头）
2	水冷柜至变流柜 DP 电缆	6XV1830-0EH10	8.0	WDP4	绿	157BC2：A2	1U1-A15：4
					红	157BC2：B2	1U1-A15：3
					屏蔽层	PE	1U1-A15：1

⑤ 变流柜到顶舱控制柜的电缆连接，见表 1-13。

表 1-13 变流柜到顶舱控制柜的电缆连接对照表

序号	电缆名称	规格	长度（m）	电缆标号	接线端口	
					发电机开关柜 1 侧	变流柜侧
1	电机开关柜 1 至变流柜信号电缆	10×1.0 mm²	61.6 m 塔架单根长 70.5 m 62.8 m 塔架单根长 71.5 m 66.6 m 塔架单根长 75.5 m	XH-W11	XAG	XAD
2	电机开关柜 1 至变流柜信号电缆	10×1.0 mm²	67.8 m 塔架单根长 76.5 m 73 m 塔架单根长 82 m 83 m 塔架单根长 92 m	XX-W12	XAH	XAE

注意事项：

放电缆时，要看清楚连接器上的标识，根据相对应的标识进行连接，不要出现电缆两头连接器颠倒的情况。检查连接器内的银针是否有松动和退针的现象，必要时，将连接器拆开调整或者重新进行制作。

（2）变流柜电缆接线。变流柜在接线时要用塑料布防护，防止异物掉落在设备内造成短路等故障。在接线前，要用万用表检查相序是否正确。

将绕组 1 的电缆穿入变流柜 4 号柜，绕组 2 的电缆穿入变流柜 5 号柜。长度确定好后，用断线钳剪断，按照开关柜内电缆接线端子的工艺要求制作电缆头，做好电缆端头防护和相序标识，见图 1-25 和图 1-26。

图 1-25 变流柜内电缆接线 1

图 1-26 变流柜内电缆接线 2

面向变流柜从左至右依次为 U、V、W，注意内外侧铜排各接一根。电缆统一接在铜排右侧螺栓上，要求变流柜 4 号柜与 5 号柜内部接线形式一致。

变流柜电缆接线时所需要的材料和工具，见表 1-14 和表 1-15。

表 1-14　材料清单

序号	材料名称	规格	数量	单位	备注
1	铜镀锡电缆接线鼻子	DT-185 mm²-φ12	12	个	机舱开关柜内用量
2	防水绝缘胶带	—	2	卷	机舱开关柜内用量
3	聚氯乙烯绝缘胶带	—	2	卷	机舱开关柜内用量
4	热缩套（黄、绿、红）	φ30 Un≥1500 V，阻燃	1.8	m	每根用量 100 mm
5	热缩套（黄、绿、红）	φ40 Un≥1500 V，阻燃	1.8	m	每根用量 150 mm
6	尼龙扎带（黑色）	530×9 mm	40	根	电缆桥架上固定 185 mm² 电缆使用

表 1-15　工具清单

序号	工具名称	规格	数量	单位	备注
1	断线钳	—	1	把	—
2	压线钳	—	1	把	—
3	热风枪	—	1	把	—
4	磨光机	—	1	把	—
5	万用表	—	1	块	—
6	开口扳手	18 mm	2	把	—

注意事项：

在制作前后，要检查相序是否有误，检查螺栓力矩防松标识是否完成。如果有异物掉落到柜内，一定要取出，不能隐瞒，避免造成更大的损失。

3. 水冷柜电缆接线

水冷外部散热器接线，见图 1-27 和图 1-28。

图 1-27　水冷系统外部散热器

图 1-28　水冷系统内部

首先，对风机进行约定。人朝向塔筒面向散热器，从左向右，分别为风机1、风机2、风机3。散热器的左边为进水口，右边为出水口。

将水冷柜至变流柜3号柜水管连接好，每个接头处都有标识。将G01（标识）接到变流柜出水口，G02接到变流柜进水口。还有到外部散热器2根水管，将G03接到散热器进水口，G04接到散热器出水口。在安装时要注意，不要将进水口和出水口装颠倒了。在对接水管时，要避免丝口损坏。

水冷管在平台下面卡箍内固定，柜内连接端头。最后再用专用扳手上紧接头，加注冷却液并进行泄露检测，确保没有任何泄露，见图1-29和图1-30。

图 1-29　水冷管排布固定 1

图 1-30　水冷管排布固定 2

将外部散热器接线到水冷柜内端子上，电缆从柜体下部 PG 口穿入，走线，见图 1-31 和图 1-32。

图 1-31 散热器电缆排布走线

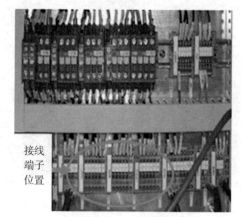

接线
端子
位置

图 1-32 水冷柜内接线端子

只有在外部管道铺设完毕后，才可在接口连接前端拆开管道封口，防止灰尘进入管道。外部管道的外管螺纹接口锥面上必须有完好的 O 形密封圈。乙二醇属于低毒性物料，操作时应注意人身安全，避免使其进入口腔和眼睛。

复习思考题

1. 简述准备电缆过程中的注意事项。

2. 编制工艺的依据有哪些？

3. 编制工艺文件的基本要求有哪些？

4. 简述主控柜与其他柜体之间电缆接线的注意事项。

5. 如何安装塔筒护圈？

第二章　发电机装配

1. 完成所有电气设备连接的检查和确认。

2. 能发现电气接线错误，并予以更正。

3. 用绝缘电阻测试仪完成定子、转子各绕组间的绝缘电阻检测。

4. 发现检测过程中出现的问题，并排除故障。

第一节　装配准备

一、发电机电气接线图识图知识

（一）发电机与开关柜的电气连接

发电机定子绕组动力电缆接线，见图 2-1；发电机动力电缆与开关柜出线母排接，见图 2-2。发电机接线时，先约定人在发电机机舱内，面向发电机方向站立，左手为开关柜柜 1#，右手为开关柜柜 2#。发电机定子绕组出线共 20 根 1×70 mm² 电缆，分为绕组 1 和绕组 2，接到开关柜 1、2 中，每个绕组有 U、V、W 相，用黄、绿、红热缩管标注。每相 3 根电缆和 1 根中性线，将其连接到开关柜上部母排上，2 根中性线不进行接线，放置在电缆桥架上。发电机绕组电缆长度不得短于 1 m（从定子上的下夹板至电缆头部），相序为从左至右是 L1（U）、L2（V）、L3（W）。

图 2-1　发电机定子绕组动力电缆与开关柜进线母排接线

图 2-2　发电机动力电缆与开关柜出线母排接线

发电机接线的技术要求和工艺步骤包含以下内容。

接线时，须先将叶轮锁定好，并对发电机绕组内的余压进行对地放电处理。在接线前，对发电机绕组相序进行检查，通过直流电阻测试仪检查发电机绕组间阻值，并以此来校验发电机绕组相序是否正确。在确保无误后，再制作电缆接线鼻子。

在压接接线鼻子前，拆除开关柜上的 PG 锁母。然后，将接线鼻子套在已剥除绝缘层电缆上再进行压接。

注意事项：

（1）使用美工刀剥除电缆外层绝缘时，不得损伤电缆内铜丝，电缆铜丝不要有松散现象。

（2）压接电缆接线鼻子时，从前往后压接，避免铜管内出现气堵现象。对压接出现的棱角，使用磨光机或者锉刀打磨处理。

（3）在对电缆接线鼻子进行防护时，先使用防水绝缘胶带缠绕防护，再使用PVC胶带缠绕防护。防护层要平整紧密，并使用黄、绿、红三色热缩套对应各个相序。70 mm² 电缆使用 ϕ30 热缩套，每根长度为100 mm。185 mm² 电缆使用 ϕ40 热缩套，每根长度为150 mm。

（4）在接线前，用10 mm开口扳手将开关柜左右盖板拆下。注意将螺栓收好，避免丢失。接线完成后，恢复开关柜盖板。将70 mm² 电缆从开关柜上部PG口穿入，接到开关柜断路器进线母排上。185 mm² 电缆从中部PG口穿入，接到开关柜断路器出口母排上。使用18 mm扳手将接线端子螺栓紧固，用力矩扳手对螺栓力矩验证，用记号笔对螺栓做防松标识。

（5）在每根电缆距离开关柜出口80～100 mm处，安装电缆标记套。发电机70 mm² 电缆接线端口和标号，见表2-1。发电机185 mm² 电缆接线端口和标号，见表2-2。

表2-1 发电机定子绕组70 mm² 动力电缆接线端子对照表

序号	电缆名称	规格	长度（m）	电缆标号	接线端口	
					开关柜侧	发电机侧
1	发电机定子绕组动力电缆（U1）	自带电缆 1×70 mm²	1.1	W1101-01-1 W1101-01-2 W1101-01-3	2Q1-1	U1
2	发电机定子绕组动力电缆（V1）	自带电缆 1×70 mm²	1.05	W1101-01-4 W1101-01-5 W1101-01-6	2Q1-3	V1
3	发电机定子绕组动力电缆（W1）	自带电缆 1×70 mm²	1	W1101-01-7 W1101-01-8 W1101-01-9	2Q1-5	W1

续表

序号	电缆名称	规格	长度 (m)	电缆标号	接线端口	
					开关柜侧	发电机侧
4	发电机定子绕组动力电缆（U2）	自带电缆 $1×70$ mm^2	1	W1101-02-1 W1101-02-2 W1101-02-3	2Q2-1	U1
5	发电机定子绕组动力电缆（V2）	自带电缆 $1×70$ mm^2	1.05	W1101-02-4 W1101-02-5 W1101-02-6	2Q2-3	V2
6	发电机定子绕组动力电缆（W2）	自带电缆 $1×70$ mm^2	1.1	W1101-02-7 W1101-02-8 W1101-02-9	2Q2-5	W2

表 2-2　发电机 185 mm^2 动力电缆接线端子对照表

序号	电缆名称	规格	电缆标号	接线端口	
				发电机开关柜侧 1 侧	电抗器支架汇流排
1	发电机动力电缆（1U1）	$1×185$ mm^2	W1102-01-1 W1102-01-2	U1-1	1L1.1
2	发电机动力电缆（1V1）	$1×185$ mm^2	W1102-01-3 W1102-01-4	V1-3	1L1.1
3	发电机动力电缆（1W1）	$1×185$ mm^2	W1102-01-5 W1102-01-6	W1-5	1L3.3
4	发电机动力电缆（2U2）	$1×185$ mm^2	W1102-02-1 W1102-02-2	U2-1	2L1.1
5	发电机动力电缆（2V2）	$1×185$ mm^2	W1102-02-3 W1102-02-4	V2-3	2L2.2
6	发电机动力电缆（2W2）	$1×185$ mm^2	W1102-02-5 W1102-02-6	W2-5	2L3.3

发电机与开关柜接线中使用的材料清单和工具清单，见表 2-3 和表 2-4。

表 2-3　发电机开关柜接线材料清单

序号	材料名称	规格	数量	单位	备注
1	铜镀锡电缆接线鼻子	DT-70 mm²-φ10	18	个	机舱开关柜内用量
2	铜镀锡电缆接线鼻子	DT-185 mm²-φ12	12	个	机舱开关柜内用量
3	防水绝缘胶带	—	2	卷	机舱开关柜内用量
4	聚氯乙烯绝缘胶带	—	2	卷	机舱开关柜内用量
5	热缩套（黄、绿、红）	φ30 Un≥1500 V，阻燃	1.8	m	每根用量 100 mm
6	热缩套（黄、绿、红）	φ40 Un≥1500 V，阻燃	1.8	m	每根用量 150 mm
7	尼龙扎带（黑色）	530×9 mm	20	根	电缆桥架上固定 185 mm 电缆使用

表 2-4　发电机开关柜接线工具清单

序号	工具名称	规格	数量	单位	备注
1	断线钳	—	1	把	裁剪 70 mm²、185 mm² 电缆使用
2	液压压线钳	—	1	把	压接电缆接线端子使用
3	磨光机（或者锉刀）	—	1	把	压接电缆接线端子使用
4	美工刀	—	1	把	—
5	热风枪	—	1	把	—
6	开口扳手	18 mm	1	把	紧固电缆螺栓
7	开口扳手	19 mm	1	把	紧固电缆螺栓
8	力矩扳手	100 N·m	1	把	检查螺栓紧固力矩
9	斜口钳	—	1	把	—
10	万用表	—	1	块	检查电缆使用
11	记号笔	油性	1	把	螺栓防松标识使用

发电机接线应注意以下几点。

（1）在发电机动力电缆接线中，要严格遵守工艺要求，要有认真仔细的工作态度。

（2）对电缆接线端子的压接要进行检查，检查电缆端头的压接情况，用力试拔，观察是否有松动现象。

（3）检查电缆铜丝是否有损伤外露现象。

（4）检查绝缘防护是否是按照工艺要求完成的。

（5）开关柜内母排螺栓力矩是否符合要求，是否做了防松标识。

（6）开关柜内要保证清洁，不要让杂质和工具遗留在里面。

（7）完成后，要将开关柜盖板恢复，不得将螺栓遗漏。

（二）发电机 PT100 接线

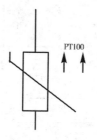

图 2-3　PT100 符号

PT100 是电阻式温度传感器中的一种。电阻式温度传感（RTD，Resistance Temperature Detector）——一种物质材料做成的电阻，它会随着温度的上升而改变电阻值。如果它随温度的上升而电阻值也跟着上升，就称为正电阻系数；如果它随着温度的上升而电阻值反而下降，就称为负电阻系数。大部分电阻式温度传感器是用金属做成的，其中以铂（Pt）做成的电阻式温度检测器最为稳定、耐酸碱、不会变质、最受工业界采用。

PT100 温度传感器是一种以铂（Pt）做成的电阻式温度传感器，属于正电阻系数，其电阻和温度变化的关系式如下：$R = Ro（1+\alpha T）$，其中 $\alpha = 0.00392$，Ro 为 100 Ω（在 0 ℃的电阻值），T 为摄氏温度，因此铂做成的电阻式温度传感器，又称为 PT100。

PT100 温度传感器的主要技术参数如下：测量范围-200 ℃~850 ℃；允许偏差值△℃：A 级±（0.15+0.002∣t∣），B 级±（0.30+0.005∣t∣）；热响应时间<30 s；热电阻的最小置入深度≥200 mm；允通电流≤5 mA。另外，PT100 温度传感器还具有抗振动、稳定性好、准确度高和耐高压等优点。

它在标准大气压下，0 ℃时的阻值为 100 Ω，它会随着温度的升高，阻值呈线性增加。参考经验公式为：

$$R = 100 + 0.396 \times t$$

其中，R 为 PT100 阻值，t 为当前温度。

如果在当前温度下，所测得阻值与计算出的阻值偏差超过 1 Ω 时，则应考虑更换温度传感器。

发电机 PT100 的接线状况，见图 2-4，PT100 接线的技术要求和工艺步骤如下所示。

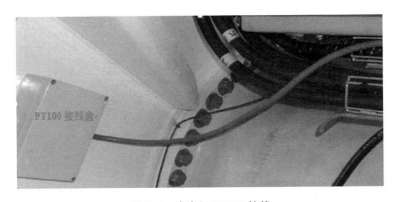

图 2-4　发电机 PT100 接线

（1）发电机温度传感器采用 3 线制 PT100。其中，有 2 根线是连通的，用万用表测量为 0，这两根线是红色的。连接前，需要测量温度传感器的电阻，参照日常的经验公式：Y = 0.39566×X+100（Y 为计算阻值，单位为 Ω；X 为当前温度，单位为℃），来计算当前温度下的 PT100 的阻值。如阻值偏差超过 1 Ω，则需更换传感器。在发电机绕组中，共安放有 12 个 PT100。每相绕组中都有 2 个，1 个作为备用。

（2）发电机温度传感器 PT100 接线方式，发电机定子左侧位置有一个温度传感器 PT100 接线盒，发电机内的 PT100 的出线进到盒内端子上，见图 2-4；接线盒内共有 12 对端子，端子号：1~18 为发电机绕组温度传感器 PT100 接线点，端子号：21~38 为发电机绕组温度传感器 PT100 备用接线点，见图 2-5。它是由 1 根 5.2 m 长规格为 14×0.75 mm² 电缆引致顶舱控制柜内，通过机舱上平台电缆桥架敷设至顶舱控制柜下部。

（3）电缆在机舱电缆桥架排布的要求是，用 $\phi14$ 缠绕管防护，使用绑扎带固定在电缆桥架上，沿电缆桥架至机舱控制柜下部 PG 孔穿入。接线端口位置对照，见表 2-5。

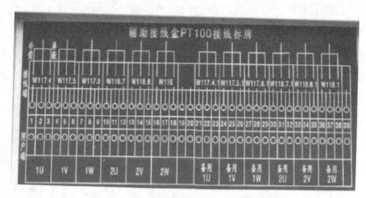

图 2-5　发电机 PT100 接线盒内部接线

表 2-5　发电机 PT100 电缆接线端子对照表

序号	电缆名称	规格（mm²）	长度（m）	电缆标号	导线颜色和限号	接线端口	
						机舱柜侧	接线盒侧
1	发电机 1 定子绕组温度（1U1）	14×0.75	5.2	W117.4	红	121AI6-R4：7	1 号端子
					银	121AI6-R4：8	2 号端子
					屏蔽层	模块下接地排	3 号端子
2	发电机 1 定子绕组温度（1V1）	14×0.75	5.2	W117.5	红	121AI7-R1：1	4 号端子
					银	121AI7-R1：2	5 号端子
					屏蔽层	模块下接地排	6 号端子
3	发电机 1 定子绕组温度（1W1）	14×0.75	5.2	W117.6	红	121AI7-R2：5	7 号端子
					银	121AI7-R2：6	8 号端子
					屏蔽层	模块下接地排	9 号端子
4	发电机 1 定子绕组温度（1U2）	14×0.75	5.2	W117.4.1	红	备用	21 号端子
					银	备用	22 号端子
					屏蔽层	备用	23 号端子

续表

序号	电缆名称	规格（mm²）	长度（m）	电缆标号	导线颜色和限号	接线端口	
						机舱柜侧	接线盒侧
5	发电机1定子绕组温度（1V2）	14×0.75	5.2	W117.5.1	红	备用	24号端子
					银	备用	25号端子
					屏蔽层	备用	26号端子
6	发电机1定子绕组温度（1W2）	14×0.75	5.2	W117.6.1	红	备用	27号端子
					银	备用	28号端子
					屏蔽层	备用	29号端子
7	发电机2定子绕组温度（2U1）	14×0.75	5.2	W117.7	红	121AI7-R3：3	10号端子
					银	121AI7-R3：4	11号端子
					屏蔽层	模块下接地排	12号端子
8	发电机2定子绕组温度（2V1）	14×0.75	5.2	W117.8	红	121AI7-R3：7	13号端子
					银	121AI7-R3：8	14号端子
					屏蔽层	模块下接地排	15号端子
9	发电机2定子绕组温度（2W1）	14×0.75	5.2	W118	红	121AI7-R3：1	16号端子
					银	121AI7-R3：2	17号端子
					屏蔽层	模块下接地排	18号端子
10	发电机2定子绕组温度（2U2）	14×0.75	5.2	W117.7.1	红	备用	30号端子
					银	备用	31号端子
					屏蔽层	备用	32号端子
11	发电机2定子绕组温度（2V2）	14×0.75	5.2	W117.8.1	红	备用	33号端子
					银	备用	34号端子
					屏蔽层	备用	35号端子
12	发电机2定子绕组温度（2W2）	14×0.75	5.2	W117.8.1	红	备用	36号端子
					银	备用	37号端子
					屏蔽层	备用	38号端子

PT100接线安装材料清单，见表2-6。

表 2-6　材料清单

序号	材料名称	规格	数量	单位	备注
1	缠绕管	$\phi 14$	0.8	m	电缆防护
2	尼龙扎带	300×3.6 mm	10	根	电缆桥架固定
3	管型预绝缘端子	RTB 1.0 mm^2	30	个	电缆端头制作
4	管型预绝缘端子	RTB 2.5 mm^2	2	个	屏蔽电缆端头制作

PT100 接线安装工具清单，见表 2-7。

表 2-7　工具清单

序号	工具名称	规格	数量	单位	备注
1	端子起	—	1	把	PT100 接线用
2	十字起	—	1	把	拆卸盒盖使用
3	斜口钳	—	1	把	—
4	剥线钳	—	1	把	制作电缆使用
5	压线钳	—	1	把	制作电缆使用

3. 发电机叶轮锁定传感器接线安装

发电机叶轮锁定传感器安装，见图 2-6，它的接线、布线技术要求和工艺步骤如下。

图 2-6　发电机叶轮锁定传感器安装

（1）首先，在机舱内，面向发电机方向站立。左边为发电机叶轮锁定传感器 1，右边为发电机叶轮锁定传感器 2。

（2）在接线前，根据传感器电缆走向，在发电机定子上用结构胶粘贴扎线座。粘贴前，需将定子表面清洁。粘贴后，要等扎线座粘贴牢固后才能布线。传感器 1 使用扎线座数量为 3 个，传感器 2 使用扎线座数量为 4 个。

（3）传感器 1 安装，将传感器感应面朝向叶轮锁定销距离 2.5 mm±0.5 mm，见图 2-6。使用 24 mm 开口扳手将传感器前后备帽锁紧，使用 7 m 长的传感器电缆线，用 150 mm 长度的尼龙扎线带将电缆固定到扎线座上。传感器电缆与发电机 PT100 电缆汇合，扎线座安装位置走线，见图 2-7 和图 2-8。

（4）传感器 2 安装。与上面的安装步骤基本相同，但走线的位置有所不同。使用 7 m 长传感器电缆线，沿扎线座到机舱上平台电缆桥架。

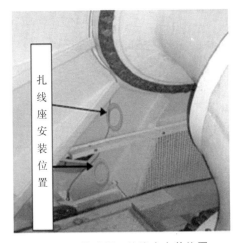

图 2-7 传感器 1 扎线座安装位置

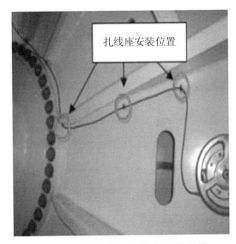

图 2-8 传感器 2 扎线座安装位置

（5）传感器 2 电缆沿平台上电缆桥架排布，和 PT100 电缆传感器 1 汇合一起排布至机舱控制柜下部。用缠绕管对电缆防护，叶轮锁定传感器接线端口位置对照，见表 2-8。

表2-8 叶轮锁定传感器接线端口位置对照表

序号	电缆名称	规格	长度（m）	电缆标号	导线颜色或线号	接线端口	
						机舱柜侧	传感器侧
1	叶轮锁定传感器1	自带电缆	7	W115.2	棕（+）	X115.2：1	/
					蓝（-）	X115.2：2	/
					黑（信号）	X115.2：3	/
					屏蔽层	PE	/
2	叶轮锁定传感器2	自带电缆	7	W115.3	棕（+）	X115.3：1	/
					蓝（-）	X115.3：2	/
					黑（信号）	X115.3：3	/
					屏蔽层	PE	/

注意事项：

在安装时，不应磕碰到传感器头部。在电缆桥架处，使用缠绕管防护电缆。

发电机叶轮锁定传感器接线安装材料清单，见表2-9。

表2-9 材料清单

序号	材料名称	规格	数量	单位	备注
1	扎线座	—	7	个	固定电缆
2	尼龙扎带	150×3.6 mm	10	根	固定电缆使用
3	缠绕管	φ10	1	m	防护电缆
4	结构胶	MA310双组份胶	少许	g	粘扎线座
5	管型预绝缘端子	RTB 1.0 mm²	8	个	电缆端头制作
6	管型预绝缘端子	RTB 2.5 mm²	2	个	屏蔽电缆端头制作

发电机叶轮锁定传感器接线安装工具清单，见表2-10。

表2-10 工具清单

序号	工具名称	规格	数量	单位	备注
1	端子起	—	1	把	接线使用

续表

序号	工具名称	规格	数量	单位	备注
2	斜口钳	—	1	把	制作电缆使用
3	剥线钳	—	1	把	制作电缆使用
4	压线钳	—	1	把	制作电缆使用
5	开口扳手	24 mm	2	把	紧固传感器螺栓使用
6	美工刀	—	1	把	剥线使用

二、常见电气接线缺陷及更正方法

电缆接线出现问题和缺陷，不仅影响布线的美观，也影响以后设备的维护检修。倘若接线错误或者屏蔽层接地方式不合理，就容易造成显示信号和数据不正确，保护装置误动、拒动，甚至是设备损坏，进而对人身安全和生产运行带来严重危害。因此，必须针对电缆接线过程中出现的常见问题制定相应的对策，以防止上述情况发生。

（一）电缆接线外观工艺质量不符合标准

电缆接线外观工艺质量不符合标准的主要原因是：在接线过程中，出现了电缆排列不整齐、固定不牢固、电缆头高度不一致、芯线不顺直等问题。

处理方法：

（1）对进入柜内的电缆进行编排、绑扎。在编排、绑扎前，需考虑接线端子布置位置，如接线端子排在柜（箱）内分左右、上下或混合布置。应根据电缆接线位置，将电缆分别从柜左或柜右穿入，接线位置较高的电缆编排在外层，接线位置较低的电缆编排在内层。编排的电缆应顺直，避免电缆受力和交叉。无法避免的交叉应设置在隐蔽处。采用尼龙扎带绑扎电缆，做到绑扎牢固、高度一致、方向一致、间距均匀，符合电气接线的通用规范。

（2）电缆头制作如采用热缩式，热缩套管长度、颜色应统一。包缠电缆头的塑料带颜色应统一、松紧适中、端部平齐。制作的电缆头高度应一致、平齐。

（3）电缆芯线布线时应顺直，弯曲处弧度自然，号码管长度一致，标示字迹朝外并清晰可辨。相同类型端子成排或成列布置时，芯线间距和弯曲弧度应保持一致。

（二）因电缆接线而导致的维护检修的困难

在电缆接线的过程中，要考虑到以后对电缆和周边设备的维护检修问题。电缆布线不能和周边设备产生干涉，影响检修空间。电缆上要有正确的标识，以方便以后的维护检修。常见的问题有：电缆芯线无适量余度，备用芯线数量不够，芯线无标识，漏挂、错挂电缆号牌等。

处理方法：

（1）电缆接线时，应在端子处布线成"S"形或"C"形，预留接线长度。如果有线槽，也可将长度预留在线槽内。预留长度后，方便接线位置更换。

（2）电缆的备用芯线应预留至柜（箱）内最远端子处。

（3）电缆芯线应套有号码管，标识正确、清晰；注明回路号和端子序号；备用芯线也应套有号码管，标识正确、清晰；注明电缆编号和线芯序号。

（4）电缆标识牌齐全、正确、排列整齐，无漏挂、错挂现象。字迹清晰、号牌和字迹不易脱落。注明电缆始端、终端和电缆编号与型号。通常采用标准尺寸 PVC 号牌，号牌使用专用打印机打印。

（5）尽量避免数根电缆芯线成束绑扎，每根电缆的线芯宜单独成束绑扎，要便于查找并方便调试和检修。

（三）电缆接线出现回路接地、短路和开路等问题

在电缆接线的过程中，经常会因为电缆检查不到位、人员手法及工作态度等，而出现接线回路接地、短路和开路等问题。

处理方法：

（1）电缆布线前，应检查电缆及线芯的外观，绝缘层、屏蔽层、铠装是否完好。

（2）电缆芯线在端子上压接牢固、不松动，查看避免虚接。根据端子形式，采取插接或压接；如有软芯电缆，则采用适当的环型或针型专用端子。

（3）每个接线端子至多压接两根芯线，且两根芯线线径相同。

（4）压接芯线时，避免将芯线绝缘皮压接在端子内，因为这样容易造成回路不通。

（5）在接线过程中，应防止电流回路开路，电压回路短路，避免损坏设备。在设备本体上接线，接线前，应对设备自带接线复查及复紧。接线时，应缓慢用力拧紧螺栓，不可过度用力，以防止损伤接线桩头。

（6）在现场维护检修中，如有无法避免的电缆中间接头，接头处电缆芯线要连接可靠并进行烫锡处理。包缠绝缘不能低于原有绝缘强度。在潮湿场所，还应采取防水措施。

（7）接线人员应手法熟练、细致认真，避免在剥离电缆护套时损伤线芯绝缘，造成回路接地。

（四）电缆接线正确率较低

电缆接线主要依据电气原理图、电缆清册、端子排图进行接线。在接线过程中，常会出现接线错误。

处理方法：

（1）技术人员应在电缆接线前对原理图、电缆清册、端子排图进行审查，发现问题并予以解决，为接线人员提供正确的接线图纸。

（2）接线人员经培训合格上岗，有责任心。接线人员在接线过程中，必须校对电缆和芯线，校对无误后再进行接线。

（3）调试人员应对接线回路进行检查、试验，及时发现接线错误。如有接线错误，应在设备运行前予以解决。

（五）电缆屏蔽层接地方式不正确或不可靠

电缆屏蔽层接地方式不正确或不可靠，易造成信号干扰，并导致设备误动、拒动或信号显示不正确。

处理方法：

电缆屏蔽层应按设计要求的接地方式接地，避免信号受干扰，造成误动、拒动或信号显示不正确。屏蔽层接地必须可靠，在剥除二次电缆外层护套时，屏蔽层应留有一定的长度，以便与屏蔽接地线进行连接。如果是屏蔽接地线与屏蔽层的连接，应采用先缠绕、后锡焊的方式，确保接地线与屏蔽层连接可靠。然后，再采用专用接线端子，将接地线与接地汇流排或接地端子可靠连接。

第二节　电气接线

一、绝缘电阻测试仪的原理及使用方法

电器产品的绝缘性能是评价其绝缘好坏的重要标志之一，它通过绝缘电阻反映出来。测定产品的绝缘电阻，是指带电部分与外露非带电金属部分（外壳）之间的绝缘电阻，按不同的设备施加不同的直流高压如 100 V、250 V、500 V、1000 V 等。有的标准规定，每千伏电压，绝缘电阻不小于 1 MΩ 等。目前，在家用电器产品标准中，通常只规定热态绝缘电阻，而不规定常态条件下的绝缘电阻值。常态条件下的绝缘电阻值由企业自行制定标准。如果常态绝缘电阻值低，说明绝缘结构中可能存在某种隐患或受损。如电机绕组对外壳的绝缘电阻低，可能是在嵌线时绕组的均线槽绝缘受到损伤所致。在使用电器时，由于突然上电、切断电源或其他缘故，电路产生过电压，在绝缘受损处产生击穿，可造成对人身安全的威胁。

绝缘电阻测试仪主要由三部分组成：第一是直流高压发生器，用于产生直流高压；第二是测量回路；第三是显示。

直流高压发生器测量绝缘电阻，必须在测量端施加高压。此高压值在绝缘电阻国标表中规定为：50 V、100 V、250 V、500 V、1000 V、2500 V、5000 V。

之前的绝缘电阻测试仪测量回路和显示部分是合二为一的。它是由一个电流比计表头来完成的。这个表头中有两个夹角为 60°（左右）的线圈组成，其中一个线圈是并在电压两端的，另一线圈是串在测量回路中的。表头指针的偏转角度决定于两个线圈中的电流比，不同的偏转角度代表不同的阻值。测量阻值越小，串在测量回路中的线圈电流就越大，因此指针偏转的角度也越大。另一个方法是用线性电流表作为测量和显示。前面用到的流比计表头中由于线圈中的磁场是非均匀的，当指针在无穷大处，电流线圈正好在磁通密度最强的地方，所以尽管被测电阻很大，流过电流线圈电流很少，此时线圈的偏转角度会较大。当被测电阻

较小或为 0 时，流过电流线圈的电流较大。此时线圈已偏转到磁通密度较小的地方，由此引起的偏转角度也不会很大。这样就达到了非线性的矫正。一般测试仪表头的阻值显示需要跨几个数量级。但用线性电流表头直接串入测量回路中就不行了。在高阻值时，刻度全部挤在一起，无法分辨。为了达到非线性矫正。就必须在测量回路中加入非线性元件，从而达到在小电阻值时产生分流作用，在高电阻时不产生分流，从而使阻值显示达到几个数量级。随着电子技术及计算机技术的发展，数显表逐步取代指针式仪表。绝缘电阻数字化测量技术也得到了发展。其中，压比计电路就是其中一个较好测量电路，压比计电路是由电压桥路和测量桥路组成。这两个桥路输出的信号分别通过 A/D 转换，再通过单片机处理，并直接转换成数字值显示。

福禄克仪表（见图 2-9）它是在日常工作中较常见的数字绝缘摇表，这里我们以 Fluke 绝缘测试仪为例，介绍数字绝缘摇表的使用方法。

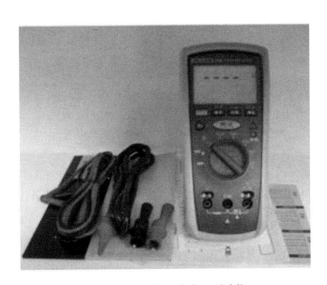

图 2-9　福禄克绝缘电阻测试仪

（一）　测试仪可用于测量或测试下列参数

（1）交流/直流电压。

（2）接地耦合电阻。

（3）绝缘电阻。

（二）安全使用须知

为了避免触电或人身伤害，请根据以下指南进行操作。

（1）如果测试仪或测试导线已经损坏，或者测试仪已无法正常操作，则请勿使用。若有疑问，请将测试仪送修。

（2）在将测试仪与被测电路连接之前，应始终记住选用正确的端子、开关位置和量程档。

（3）用测试仪测量已知电压来验证测试仪是否正常。

（4）端子之间或任何一个端子与接地点之间施加的电压不能超过测试仪上标明的额定值。

（5）电压在 30 Vac. rms（交流真有效值），42 Vac（交流）峰值或 60 Vdc（直流）以上时应格外小心。这些电压会造成触电的危险。

（6）当出现电池低电量指示符（ ▆ ）时，应尽快更换电池。

（7）测试电阻、二极管或电容以前，必须先切断电源，并将所有的高压电容器放电。

（8）使用测试导线时，手指应保持在保护装置的后面。

（9）打开测试仪的机壳或电池盖以前，必须先把测试导线从测试仪上取下。不能在测试仪后盖或电池盖打开的情况下使用测试仪。

（10）不要单独工作。

（11）仅使用指定的替换保险丝来更换熔断的保险丝，否则测试仪的保护措施可能会遭到破坏。

（12）使用前先检查测试导线的连通性。如果读数高或有噪音，则不要使用。

（三）仪器符号说明

符号	含义	符号	含义
～	AC（交流）	⏚	接地点

续表

符号	含义	符号	含义
▬▬▬	DC（直流）	▭	保险丝
⚡	警告：有造成触电的危险	▣	双重绝缘
▬▮▬	电池（在显示屏上出现时，表示电池低电量）	⚠	重要信息，请参阅手册

（四）危险电压

为了提醒您注意潜在危险的电压，当测试仪在绝缘测试中检测到超过 30 V 以上的电压，电阻中检测到超过 2 V 的电压，或者电压过载（**OL**）时，⚡符号就会出现在显示屏上。

（五）旋钮开关位置

选择任意测量功能档即可启动测试仪。测试仪为该功能档提供了一个标准显示屏（量程、测量单位、组合键等）。用按钮选择其他任何旋转开关功能档（用蓝色字母标记）。旋转开关的选择见图 2-10，表 2-10 对其进行了解释。

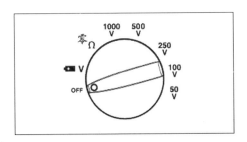

图 2-10　测量功能档

表 2-11　旋转开关的选择

开关位置	测量功能
▬▮▬ V	AC（交流）或 DC（直流）电压，从 0.1~600.0 V

续表

开关位置	测量功能
零$_\Omega$	Ohms（欧姆），从 0.01~20.00 kΩ
1000 V、250 V、100 V、50 V	Ohms（欧姆），从 0.01－10.0 GΩ。利用 50 V、100 V、250 V、500 V 和 1000 V 执行绝缘测试

（六）按钮/指示灯

使用按钮来激活可扩充旋转开关所选功能的特性。测试仪的前侧还有两个指示灯，当使用此功能时，它们会被点亮。按钮和指示灯见图 2-11，表 2-12 对其进行了解释。

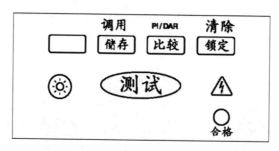

图 2-11　按钮和指示灯

表 2-12　按钮和指示灯

按钮/指示灯	说明	按钮/指示灯	说明
（蓝色按钮）	按蓝色按钮来选择其他测量功能档	清除 锁定	打开或关闭背光灯。背光灯在 2 分钟后熄灭
调用 储存	保存上一次绝缘电阻或接地耦合电阻测量结果	☼	第二功能。清除所有内存内容
调用 储存	第二功能。检索保存在内存中的测量值	测试	当旋转开关处于 INSULATION（绝缘）位置时，启动绝缘测试。使测试仪供应（输出）高电压并测量绝缘电阻。当旋转开关处于 ohms（欧姆）位置时，启动电阻测试

续表

按钮/指示灯	说明	按钮/指示灯	说明
PI/DAR 比较	给绝缘测试设定通过/失败极限	⚡	危险电压警告。表示在输入端检测到30 V或更高电压（交流或直流取决于旋转开关的位置）。当在 **+ V** 开关位置上，显示屏中显示 **OL**。**batt** 显示在显示屏上时，也会出现该指示符。当绝缘测试正在进行时，Z 符号也会出现
PI/DAR 比较	第二功能。按此按钮来配置测试仪进行极化指数或介电吸收比测试。按 测试 按钮开始测试	◯	通过指示灯。指示绝缘电阻测量值大于所选的比较限值
清除 锁定	测试锁定。如在按测试按钮之前按下此 测试 按钮，则在您再次按下锁定或测试按钮解除锁定之前，测试将保持在活动状态	—	—

（七）显示屏信息

显示屏指示符见图 2-12，并结合表 2-13 对其进行解释。可能在显示屏上出现的错误信息见表 2-14。

图 2-12　显示屏指示符

表 2-13　显示屏指示符

指示符	说明	指示符	说明
锁定	表示绝缘测试或电阻测试被锁定	888.8	主显示
- >	负号，或大于符号	测试	绝缘测试指示符。当施加绝缘测试电压时，该符号显示
⚡	危险电压警告。	V_{DC}	伏特（V）
▬+	电池低电量。指示何时应更换电池。当显示 ▬+ 符号时，背光灯按钮被禁用以延长电池寿命 ⚠⚠ 警告 为了避免因读数出错导致触电或人身伤害，当显示电池低电量指示符时，应尽快更换电池	1888	辅显示
PI DAR	极化指数或介电吸收比测试被选中	比较	表示所选的通过/失败比较值
Ø 零	导线零电阻功能启用	18 储存号	储存位置
VAC, VDC, Ω, kΩ, MΩ, GΩ	测量单位	—	—

表 2-14　出错信息

信息	说明
batt	出现在主显示位置，表示电池电量过低，不足以可靠运行。更换电池之前，测试仪不能使用。当主显示位置出现 batt 符号时，▬+ 也会显示
>	表示超出量程范围的值
CAL Err	校准数据无效，请校准测试仪

（八）输入端子

输入端子，见图 2-13，并结合表 2-15 对其进行解释。

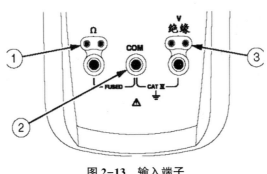

图 2-13　输入端子

表 2-15　输入端子说明

项目	说明
①	用于电阻测量的输入端子
②	所有测量的公共（返回）端子
③	用于电压或绝缘测试的输入端子

（九）测量绝缘电阻

绝缘测试只能在不通电的电路上进行。要测量绝缘电阻，请按照图 2-14 所示设定测试仪，并遵照下列步骤操作。

（1）将测试探头插入 Ω 和 COM（公共）输入端子。

（2）将旋转开关转至所需要的测试电压。

（3）将探头与待测电路连接。绝缘电阻测试仪会自动检测电路是否通电。

①主显示位置显示——直到你按 测试 按钮，此时将获得一个有效的绝缘电阻读数。

②如果电路中的电压超过 30 V（交流或直流）以上，在主显示位置显示电压超过 30 V 以上警告的同时，还会显示高压符号（ ⚡ ）。在这种情况下，测试被

禁止。在继续操作之前，应先断开测试仪的连接并关闭电源。

③按住 测试 按钮开始测试。辅显示屏位置上显示被测电路上所施加的测试电压。主显示屏位置上显示高压符号 ($\sqrt{}$)，并以 MΩ 或 GΩ 为单位显示电阻。显示屏的下端出现 **测试** 图标，直到释放测试按钮 测试。当电阻超过最大显示量程时，测试仪显示 **＞** 符号和当前量程的最大电阻。

④继续将探头留在测试点上，然后释放按钮 测试。被测电路即开始通过测试仪放电。主显示屏位置显示电阻读数，直到开始新的测试或者选择了不同功能、量程，以及检测到了 30V 以上的电压。

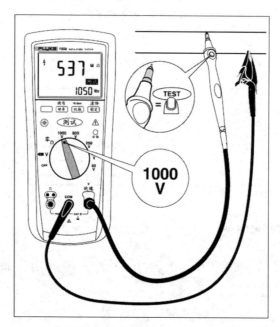

图 2-14　测量绝缘电阻

（十）测量极化指数和介电吸收比

极化指数（PI）：是测量开始 10 分钟后的绝缘电阻与 1 分钟后的绝缘电阻之间的比率。介电吸收比（DAR）：是测量开始 1 分钟后的绝缘电阻与 30 秒后的绝缘电阻之间的比率。绝缘测试只能在不通电的电路上进行。

如要测量极化指数或介电吸收比，需要做到以下五个方面。

（1）将测试探头插入 V 和 COM（公共）输入端子。

注意，考虑到极化指数（PI）和介电吸收比（DAR）测试所需的时间，建议使用测试夹。

（2）将旋转开关转至所需的测试电压位置。

（3）按 比较 按钮选择极化指数或介电吸收比。

（4）将探头与待测电路连接。测试仪会自动检测电路是否通电。

主显示位置显示——按下钮 测试 按钮，此时将获得一个有效的电阻读数。

如果电路中的电压超过 30 V（交流或直流），在主显示位置显示电压超过 30 V 以上警告的同时，还会显示高压符号（⚡）。如果电路中存在高电压，测试将被禁止。

（5）按住 测试 按钮开始测试。在测试过程中，辅显示屏位置上显示被测电路上所施加的测试电压。主显示位置上显示高压符号（⚡），并以 MΩ 或 GΩ 为单位显示电阻。显示屏的下端出现 测试 图标，直到测试结束。

当测试完成后时，主显示位置显示 PI 或 DAR 值。被测电路将自动通过测试仪放电。如果在用于计算 PI 或 DAR 的值中，任何一个大于最大显示量程，或者 1 分钟值大于 5000 MΩ，主显示位置将显示 Err。

当电阻超过最大显示量程时，测试仪显示 > 符号，以及当前量程的最大电阻。

如想在 PI 或 DAR 测试完成之前中断测试，请按住按钮 测试 片刻。当释放按钮 测试 时，被测电路将自动通过测试仪放电。

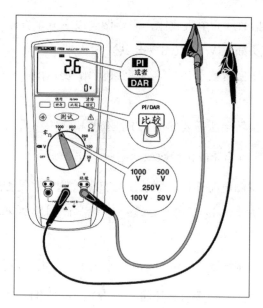

图 2-15　测量极化指数和介电吸收比

（十一）用绝缘测试仪测量永磁直驱发电机绕组的绝缘电阻

检查、试验测量时，发电机的定转子应保持静止不动。不参加试验的绕组等应与铁心或机壳做电气连接，机壳应接地。做绝缘测试时，绝缘测试仪选用1000 V档，试验人员必须戴绝缘手套，身体任何部位不能接触试验绕组。绝缘电阻测量完毕后，每个回路应对接地的机壳做电气连接使其放电，以确保人身安全。

用绝缘测试仪1000 V档位测量电机绕组对机壳和电机两套绕组间的绝缘电阻，若冷态下绝缘电阻低于500 MΩ，则该发电机绕组绝缘不良。

二、使用绝缘电阻测试仪检查、排除绝缘故障的路径和措施

（一）绝缘电阻测试仪测量常见问题

（1）在测量容性负载阻值时，绝缘电阻测试仪输出短路电流大小与测量数据的关系。

绝缘电阻测试仪输出短路电流的大小可反映出该绝缘电阻测试仪的内部输出高压源内阻大小。当被测试验品存在电容量时，在测试过程的开始阶段，绝缘电阻测试仪的内高压源要通过其内阻向该电容充电，并逐步将电压充电到绝缘电阻测试仪的输出额定高压值。显然，如果试验品的电容量值很大，或高压源内阻很大，这一充电过程的耗时就会加长。其长度可由 R（内）和 C 负载的乘积决定（单位为秒）。给电容充电的电流与被测试品绝缘电阻上流过的电流，在测试中是一起流入绝缘电阻测试仪内的。绝缘电阻测试仪测得的电流不仅有绝缘电阻上的分量，也加入了电容充电电流的分量，这时测得的阻值将偏小。

（2）测绝缘时，不但要求测单纯的阻值，而且还要求测吸收比和极化指数。在绝缘测试中，某一个时刻的绝缘电阻值不能全面反映试验品绝缘性能的优劣，这是由于以下两个方面的原因：一方面，同样性能的绝缘材料，体积大时呈现的绝缘电阻小，体积小时呈现的绝缘电阻大；另一方面，绝缘材料在加上高压后均存在对电荷的吸收比过程和极化过程。因此，电力系统要求在主变压器、电缆、电机等许多场合的绝缘测试中应测量吸收比，即 R60 s 和 R15 s 的比值，以及极化指数，即 R10 min 和 R1 min 比值，并以此数据来判定绝缘状况的优劣。

（3）在高压高阻的测试环境中，需要求仪表接"G"端连线。在被测试品两端加上较高的额定电压，且绝缘阻值较高时，被测试品表面受潮湿，污染引起的泄漏较大，示值误差就大。而仪表"G"端是将被测试品表面泄漏的电流旁路，使泄漏电流不经过仪表的测试回路，消除泄漏电流引起的误差。

（4）在校测某些型号绝缘仪表"L""E"两端额定输出直流高压时，如果用指针式万用表 DCV 档测 L、E 两端电压，电压会跌落很多，而数字式万用表则不会。

如果用普通的指针式万用表直接在绝缘电阻测试仪"L""E"两端测量其输出的额定直流电压，测量结果与标称的额定电压值要小很多（超出误差范围），而用数字万用表则不会。这是因为指针式万用表内阻较小，而数字万用表内阻相对较大。指针式万用表内阻较小，绝缘电阻测试仪 L-E 端输出电压会降低很多，不是正常工作时的输出电压。但是，用万用表直接去测绝缘电阻测试仪的输出电压是错误的，应当用内阻阻抗较大的静电高压表或用分压器等负载电阻足够大的方式去测量。

（5）用兆欧表直接测带电的被测试品。为了人身安全和正常测试，原则上是不允许测量带电的被测试品。若要测量带电被测试品，虽然不会对仪表造成损坏（短时间内），但测试结果是不准确的。因为带电后，被测试品便与其他试验品联结在一起，所以得出的结果不能真实地反映实际数据，而是与其他试验品一起的并联或串联阻值。

（6）电子式绝缘电阻测试仪几节电池供电能产生较高的直流高压。这是根据直流变换原理，经过升压电路处理使较低的供电电压提升到较高的输出直流电压，产生的高压虽然较高但输出功率较小（如电警棍几节电池能产生几万伏的高压）。

（7）用绝缘电阻测试仪测量绝缘电阻时，有以下一些外在因素会造成测量数据不准确。

①电池电压不足。电池电压欠压过低，造成电路不能正常工作，因此测出的读数是不准确的。

②测试所需的线缆接法不正确。误将"L""G""E"三端接线接错，或将"G""L"连线"G""E"连线接在被测试品两端。

③"G"端连线未接。被测试品由于受污染、潮湿等因素造成电流泄漏引起的误差，造成测试不准确。此时，必须接好"G"端连线防止泄漏电流引起误差。

④干扰过大。如果被测试品受环境电磁干扰过大，将会造成仪表读数跳动或指针晃动，导致读数不准确。

⑤人为读数错误。在用指针式绝缘电阻测试仪测量时，由于人为视角误差或标度尺的误差造成示值不准确。

⑥仪表误差。仪表本身误差过大，需要重新校对。

（8）高阻绝缘现场测试容性负载时（如主变），指针显示阻值在某一区间突然跌落（不是正常测试时的最大值区间内的缓慢小幅摆动），快速来回摆动的原因。

造成该现象的原因主要是试验系统内某部位出现放电打火。绝缘表向容性被测试品充电中，当容性的试验品被充电至一定电压时，如果仪表内部测试线缆或被测试品中任意部位有击穿放电打火，就会出现上述现象。

判别办法有如下几点。

①仪表测试座不接入测试线，开启电源和高压，看仪表内是否有打火现象发生（若有打火，可听到放电打火声）。

②接上 L、G、E 测试线，不接被测试品。L 测试线缆末端线夹悬空，开启高压。然后，看测试导线是否有打火现象发生。若有打火现象，则检查以下三个方面。L、G 测试线芯线（L 端）与裸露在外的线（G 端）是否过近，产生拉弧打火；L 端的芯线插头与测试座屏蔽环或测试夹子与被测试品接触不良造成打火；测试线缆与插头、夹子之间虚焊断路，造成间隙放电。

③接入被测试品，检查末端线夹与试验品接触点附近有无放电打火。

④排除以上原因，接好被测试品，开启高压。若仪表仍有上述现象，则说明被测试品绝缘击穿造成局部放电或拉弧。

（9）同绝缘电阻测试仪测出示值存在的差异。

由于高压绝缘电阻测试仪测试电源非理想电压源，内阻 r 不同，测量回路串接电阻 Rm 不同，动态测量准确度不同，以及现场测量操作的不合理或失误等，不同型号绝缘电阻测试仪对同一被测试品的测量结果会存在差异。实际测量时，应结合绝缘电阻测试仪绝缘试验条件的特殊性，尽量降低可能出现的各种测量误差。

①不同型号的绝缘表测量同一试品时，应采用相同的电压等级和接线方法。例如，在测量电力变压器高压绕组绝缘中，当绕组的引出端始终接绝缘电阻测试仪 L 端时，就有 E 端接低压绕组和外壳而 G 端悬空的直接法；E 端接低压绕组而 G 端接外壳的外壳屏蔽法（低电位屏蔽）；G 端接在高压绕组套管的表面，而 E 端先接低压绕组，然后分别再和外壳相连或不相连的两种套管屏蔽法（高电位屏蔽）。此外，还有 E 端接外壳而 G 端接低压绕组等接线方法。不同结构和制式的绝缘电阻测试仪，由于 G 端电位不同，G 端在套管表面的安放位置也应随之改变。

②不同型号绝缘电阻测试仪的量程和示值的刻度方法不同，刻度分辨力不同，测量准确度等级不同，都会引起示值间的差异。为了保证对电力设备的准确测量，应避免选用准确度低、使用不方便的摇表。

③试验品大多含有容性分量，并存在介质极化现象。即使测试条件相同，也

难以获得理想的数据重复性。

④测量时，绝缘介质的温度和油温应与环境温度一致，一般允许相差±5%。

⑤应在特定时间段的允许时间差范围内，尽快地读取测量值。为使测量误差不高于±5%，读取 R 60s 的时间允许误差±3 s，而读取 R 15s 的时间不应相差±1 s。

⑥高压测试电源非理想电压源，重负荷（被测试品绝缘电阻值小）时，输出电压低于其额定值，这将导致单支路直读测量法绝缘电阻测试仪测量准确度因转换系数的改变而降低。这种改变，因绝缘电阻测试仪测试电源负荷特性不同而异。

⑦不同动态测试容量指标的绝缘电阻测试仪，试验电压在试验品上（及采样电阻上）的建立过程与对试验品的充电能力均存在差异，测量结果也不同。使用低于动态测试容量指标门限值的绝缘电阻测试仪测量时，由于仪表存在惯性网络（包括指针式仪表的机械惯性）导致示值响应速度较慢，来不及正确地反映试验品实在绝缘电阻值随时间变化的规律。尤其是在测试的起始阶段，电容充电电流未完全衰减为零，更会使 R 15s 和吸收比读测值产生较大误差（偏小）。

⑧试验品绝缘介质极化状况与外加试验电压大小有关。由于试验电压不能迅速达到额定值，使试验品初始极化状况不同，导致吸收电流不同，以及绝缘电阻测量的示值不同。

⑨国外某些绝缘电阻测试仪的试验高电压连续可调，开机后先由"0"调节至额定值。绝缘电阻测试仪读数起始时间的不确定性，以及高压达到额定值时间的不确定性，使试验品初始极化不同，也将引起示值间的差别。

⑩不同绝缘电阻测试仪在现场干扰的敏感度和抵御能力不同，对同一试品的读测值会存在差异。

⑪数据随机起伏的常规测量误差和绝缘电阻测试仪方法误差的不同等，可引起示值间的差异。

⑫介质放电不充分是重复测量结果存在差异的重要原因之一。据试验品充电吸收电流与其反向放电电流对应和可逆的特点，若需对同一试品进行第二次重复测量，第一次测量结束后的试验品短路放电间歇时间一般应长于测量时间，以放尽所积聚的吸收电荷量，使试验品绝缘介质充分恢复到原先无极化状态，否则将

影响第二次测量数据的准确度。为使被试验品上无剩余电荷，每一次试验前，也应该将测量端对地短路放电，有时甚至需要近 1 小时，并应拆除与无关设备间的连线。总之，同一试品不同时期的绝缘测量，应采用相同的试验电压等级和接线方法，并尽可能使用同一型号或性能相近的绝缘电阻表，以保证测量数据的可比性。

⑬特别需强调应选用动态测量准确度较低和高压测试电源容量较低的仪表。由于电容充电电流尚未完全衰减为 "0"，以及仪表示值不能准确地实时跟随试验品的视在绝缘电阻值变化，读测 R 15s 阻值偏低，出现较大误差，将导致试验品吸收比测试值虚假偏高，应引起测试人员的特别重视。这也可能是各种型号高压绝缘电阻测试仪测量同一试品时，吸收比读测值存在差异的主要原因。

（10）高压绝缘电阻测试仪的选型。

根据试验品特性和试验规程要求，选择适用的高压绝缘电阻测试仪。选型的原则主要是绝缘电阻测试仪的试验电压等级、输出短路电流和量程范围应符合规程要求，要有较高的动态测量准确度和抗干扰能力，使用安全方便，较好的性价比等。根据测试对象和要求不同，绝缘电阻测试仪大致可以划分为普及型、主导型和专用型三种。根据电力设备预防和交接试验规程，常使用绝缘电阻测试仪的试验电压等级为 500 V 和 1000 V。主导型绝缘电阻测试仪主要测量试验品的绝缘电阻，吸收比或极化指数，电压等级为 2500 V 和 5000 V。专用型绝缘电阻测试仪使用于测量同步发电机、直流电机和交流电动机等绕组的绝缘电阻、吸收比和极化指数。有时还要求测量或测算真实绝缘电阻值。

容性负载较大的试品，一般选用合适的电压等级和足够大的输出短路电流、绝缘值量程范围大、自动对被测试品放电的绝缘电阻测试仪，否则 R 15s 阻值将会影响较大，而使吸收比测试结果出现较大的误差。

干扰较强的测试环境，应选用指针式绝缘电阻测试仪。因为选用数字显示的绝缘电阻测试仪，其测量数据有较大的跳动，从而无法确认真实的阻值，而指针式绝缘电阻测试仪在测量容性负载阻值时则能够确认真实的阻值。

 **复习思考题**

1. 简述发电机电缆接线过程中的注意事项。

2. PT100 具有哪些优点？

3. 如何避免在接线过程中常出现的错误？

4. 简述使用绝缘电阻测试仪的方法与步骤。

5. 如何使用绝缘测试仪来测量发电机绕组的绝缘电阻？

第三章 偏航、变桨系统装配

学习目的：

1. 了解风电机组偏航系统及其故障原因。

2. 完成偏航及辅助控制柜内偏航控制、电压电流传感器等电气设备的电气连接。

第一节 偏航系统装配

一、风电机组偏航系统介绍❶

1. 偏航系统简介

偏航系统功能能够使机舱轴线跟踪变化稳定的风向；当机舱至塔底引出电缆到达设定的扭缆角度后自动解缆，偏航驱动电机，4 个对称布置，由电机驱动小齿轮带动整个机舱沿偏航轴承转动，实现机舱的偏航；内部有温度传感器，控制绕组温度偏航电子刹车装置，以及行星式减速齿轮箱，偏航小齿轮。偏航编码器是绝对值编码器，记录偏航位置；偏航位置是偏航轴承齿数与编码器码盘齿数之比；左右限位开关是常开触点；左右安全链限位开关是常闭触点。

偏航刹车片数量是 10 个。液压系统偏航刹车控制的逻辑是，偏航系统未工

---

❶ 注本章介绍机组以双馈风力发电机组为例。

作时刹车片全部抱闸，机舱不转动；机舱对风偏航时，所有刹车片半松开，设置足够的阻尼，保持机舱平稳偏航；自动解缆时，偏航刹车片全松开。

偏航润滑装置偏航轴承润滑 150 cc 润滑油/周，偏航齿轮润滑需 50 cc 润滑油/周。其用量比为 3：1，润滑周期为 16 分钟/72 h（偏航润滑油泵启动间隔时间为 36 h，偏航润滑油泵运行时间为 960 s）。

偏航系统工作原理是由四个偏航电机与偏航内齿轮咬合，偏航内齿轮与塔筒固定在一起，四个偏航电机带动机舱转动。偏航电机由软启动器控制。

偏航软启动器使偏航电机平稳启动，晶闸管控制偏航电机启动电压缓慢上升。启动过程结束时，晶闸管截止，限制电机启动电流。

偏航软启动器工作时序为：①主控给出软起使能 EN 命令；②软起内部启动工作继电器 READY 接点闭合；③启动初始电压 30%Un；④启动时间 10 s；⑤内部旁路继电器 TOR 接点闭合，晶闸管控制截止。

偏航系统手动控制可以通过两个方式：一是使用机舱里的手动操作箱，二是利用计算机操作界面。手动操作箱位于机舱内部，当橙黄色信号指示灯亮时，即处于手动状态。通过手动操作箱，可以控制偏航系统的断开/接通、顺时/逆时针旋转。利用计算机不仅可以进行偏航系统各参数的观测，还可以进行偏航系统的手动控制。偏航自动对风启动风速 2.5 m/s，最小偏航风速 3 m/s，最小偏航速度 0.2 m/s，偏航额定速度 0.8°/s；低风速下（风速小于 9 m/s），对风误差大于 8°，延时 210 s，偏航自动对风；高风速下（风速大于 9 m/s），对风误差大于 15°，延时 20 s，偏航自动对风；在风机加速或发电运行状态下，如果风向突变，对风误差超过 70°，风机先正常停机，对风偏航后，再重新启动。自动解缆机组在待机模式下，如果偏航圈数大于两周（750°），开始自动解缆；若偏航角度大于 690°，左偏航解缆，若小于−690°，则右偏航解缆；当偏航角度小至±40°以内时，则自动解缆停止；或者解缆至偏航角度小于一圈（360°以内），机舱对风误差在±30°以内时，自动解缆停止。如果偏航角度大于+690°没有自动解缆，则当角度达到+750°时，触动扭缆限位开关，风机报偏航位置故障正常停机，复位后进入待机状态时，应能够自动启动；如果偏航角度大于+750°时，触动扭缆安全链限位开关，风机报安全链故障紧急停机，需手动偏航解缆。当风速超过 25 m/s 时，自动解缆停止。偏航时，液压刹车控制偏航时 10 个刹车钳处于半释放状态，

偏航系统 压力约 45 bar。自动解缆时，刹车钳处于全释放状态。

2. 偏航系统故障包括偏航位置故障、偏航编码器故障和偏航速度故障

（1）齿圈齿面磨损原因。齿轮的长期啮合运转；相互啮合的齿轮副齿侧间隙中渗入杂质；润滑脂严重缺失，使齿轮处于干摩擦状态。

（2）异常噪声原因。润滑油或润滑脂严重缺失；偏航阻尼力矩过大；齿轮副轮齿损坏；偏航驱动状态中油位过低。

（3）偏航定位不准确原因（风向偏差限值：20°）。风向标信号不准确；偏航系统阻尼力矩过大或过小；偏航制动力矩达不到机组设定值；偏航系统的偏航齿圈与偏航驱动装置的齿轮之间的齿侧间隙过大。

（4）润滑油渗漏原因。偏航齿轮箱油位计管路连接接头松动或损坏；密封件损坏。

如果环境温度低于−20 ℃时，不得对偏航系统进行维护和检修工作。如果环境温度低于−30 ℃，不得对低温型风力电机进行维护和检修工作。如果风速超过限值（瞬时最大停机风速：33 m/s 或延时 10 s 停机风速：25 m/s），不得上塔进行维护和检修工作。维护风机时，要求用维护钥匙将风机打至维护状态（1 位置），最好将叶轮锁锁定。当处理偏航齿轮箱润滑油时，必须佩戴安全帽。表面检查项目：风机偏航时检查是否有异常噪声，是否能精确对准风向；检查侧面轴承和齿圈外表是否有污物，检查涂漆外表面油漆是否脱落；驱动装置齿轮箱的润滑油是否渗漏；检查电缆缠绕情况和绝缘皮磨损情况。检查电缆接线、齿轮箱的油位、齿轮箱是否漏油、齿轮箱运行是否噪音过大、加油与放油等。

二、风电机组偏航及辅助控制柜内偏航控制、电压电流传感器等电气设备接线方法

1. 电压互感器的三种接线方式

（1）星形接线。在中性点不接地或经消弧线圈接地的系统中，为了测量相对地电压，PT 一次绕组必须接成星形接地的方式。

（2）V-V 接线。用两台单相互感器分别跨接于电网的 UAB 及 UBC 的线间电压上，接成不完全三角形接线（也称 V、V 接线），广泛应用在 20 kV 以下中性

点不接地或经消弧线圈接地的电网中测量三个相间电压，但不能测量相对地电压。

（3）开口三角接线。三台单相三绕组电压互感器构成 YN、yn 和 d11 的接线形式，或 YN、y 和 d11 的接线形式（二次侧星形绕组中性点不直接接地，而采用 b 相接地），广泛应用于各级电压系统中，而 3~15 KV 电压级广泛采用于三相式电压互感器。其二次绕组用于测量相间电压或相对地电压，辅助二次绕组接成开口三角形，供接入中性点不接地电网绝缘监视仪表、继电器使用，或供中性点直接接地系统的接地保护。

2. 电流互感器接法

（1）电流互感器在交流回路中使用，在交流回路中，电流的方向随时间在改变。

（2）电流互感器的极性指的是，某一时刻一次侧极性与二次侧某一端极性相同，即同时为正、或同时为负，称此极性为同极性端或同名端，用符号"＊""－"或"．"表示（也可理解为一次电流与二次电流的方向关系）。

（3）按照规定，电流互感器一次线圈首端标为 L1，尾端标为 L2；二次线圈的首端标为 K1，尾端标为 K2。在接线中，L1 和 K1 称为同极性端，L2 和 K2 也为同极性端。

（4）电流互感器同极性端的判别与耦合线圈的极性判别相同。较简单的方法例如用 1.5 V 干电池接一次线圈，用一高内阻、大量程的直流电压表接二次线圈。

（5）当开关闭合时，如果发现电压表指针正向偏转，可判定 1 和 2 是同极性端，当开关闭合时，如果发现电压表指针反向偏转，可判定 1 和 2 不是同极性端。

所以风电机组辅助控制柜内电压互感器和电流互感器的接线方法同以上接法。

第二节　变桨系统装配

一、风电机组变桨系统传感器种类、功能和接线方法

（一）接近开关

接近开关是一种无须与运动部件进行机械直接接触就可以操作的位置开关。当物体接近开关的感应面到动作距离时，不需要机械接触及施加任何压力即可使开关动作，从而驱动直流电器或给计算机（plc）装置提供控制指令。接近开关是一种开关型传感器（即无触点开关），它既有行程开关、微动开关的特性，同时也具有传感性能高，且动作可靠、性能稳定、频率响应快、应用寿命长、抗干扰能力强，以及防水、防震、耐腐蚀等特点。产品有电感式、电容式、霍尔式、交流型和直流型。

接近开关又称无触点接近开关，是理想的电子开关量传感器。当金属检测体接近开关的感应区域，开关就能无接触、无压力、无火花、迅速地发出电气指令，准确地反映出运动机构的位置和行程，即使用于一般的行程控制，其定位精度、操作频率、使用寿命、安装调整的方便性和对恶劣环境的适用能力，也是一般机械式行程开关所不能相比的。它广泛地应用于机床、冶金、化工、轻纺和印刷等行业。在自动控制系统中，它还可以作为限位、计数、定位控制和自动保护环节等。

利用位移传感器对接近物体的敏感特性达到控制开关接通或断开的目的，这就是接近开关。

当有物体移向接近开关，并接近到一定距离时，位移传感器才有"感知"，开关才会动作。通常把这个距离称做"检出距离"。但不同的接近开关所检出的距离也不同。

有时被检测验物体是按一定的时间间隔，一个接一个地移向接近开关，又一个一个地离开，这样不断地重复。不同的接近开关，对检测对象的响应能力是不

同的。这种响应特性被称为"响应频率"。

因为位移传感器可以根据不同的原理和不同的方法做成，而不同的位移传感器对物体的"感知"方法也不同，所以常见的接近开关有以下几种。

（二）接近开关的种类

1. 无源接近开关

这种开关不需要电源，通过磁力感应控制开关的闭合状态。当磁或者铁质触发器靠近开关磁场时，和开关内部磁力作用控制闭合。其特点是不需要电源，非接触式，免维护且环保。

2. 涡流式接近开关

这种开关有时也叫电感式接近开关，见图3-1。它是利用导电物体在接近这个能产生电磁场接近开关时，使物体内部产生涡流。这个涡流反作用到接近开关，使开关内部电路参数发生变化，由此识别出有无导电物体移近，进而控制开关的接通或断开。这种接近开关所能检测的物体必须是导电体。

图3-1 涡流式接近开关

（1）原理。由电感线圈和电容及晶体管组成振荡器，并产生一个交变磁场，当有金属物体接近这一磁场时就会在金属物体内产生涡流，从而导致振荡停止，这种变化被后极放大处理后转换成晶体管开关信号输出。

（2）特点。抗干扰性能好，开关频率高，大于200 Hz；只能感应金属应用在各种机械设备上进行位置检测、计数信号拾取等。

3. 电容式接近开关

这种开关的测量通常是构成电容器的一个极板，而另一个极板是开关的外壳。这个外壳在测量过程中通常是接地或与设备的机壳相连接。当有物体移向接近开关时，不论它是否为导体，由于它的接近，总要使电容的介电常数发生变化，从而使电容量发生变化，使得和测量头相连的电路状态也随之发生变化，由此便可控制开关的接通或断开。这种接近开关检测的对象不限于导体，也可以是绝缘的液体或粉状物等。

4. 霍尔接近开关

霍尔元件是一种磁敏元件。利用霍尔元件做成的开关，叫做霍尔开关。当磁性物件移近霍尔开关时，开关检测面上的霍尔元件因产生"霍尔效应"而使开关内部电路状态发生变化，由此识别附近有磁性物体存在，进而控制开关的接通或断开。这种接近开关的检测对象必须是磁性物体。

5. 光电式接近开关

利用光电效应做成的开关叫光电开关。将发光器件与光电器件按一定方向装在同一个检测头内。当有反光面（被检测物体）接近时，光电器件接收到反射光后便在信号输出，由此便可"感知"有物体接近。

6. 其他形式

当观察者或系统对波源的距离发生改变时，接近到的波的频率就会发生偏移，这种现象称为"多普勒效应"。声呐和雷达就是利用"多普勒效应"的原理制成的。利用"多普勒效应"可制成超声波接近开关、微波接近开关等。当有物体移近时，接近开关接收到的反射信号就会产生多普勒频移，由此可以识别出有无物体接近。

（三）接近开关的用途

（1）检验距离。检测电梯、升降设备的停止、启动和通过位置；检测车辆的位置，防止两物体相撞检测；检测工作机械的设定位置，移动机器或部件的极限位置；检测回转体的停止位置，阀门的开或关位置。

（2）尺寸控制。金属板冲剪的尺寸控制装置；自动选择、鉴别金属件长度；

检测自动装卸时堆物的高度；检测物品的长、宽、高和体积。

检测生产包装线上有无产品包装箱；检测有无产品零件。

（3）转速与速度控制。控制传送带的速度；控制旋转机械的转速；与各种脉冲发生器一起控制转速和转数。

（4）计数及控制。检测生产线上流过的产品数；高速旋转轴或盘的转数计量；零部件计数。

（5）检测异常。检测瓶盖有无；产品合格与不合格判断；检测包装盒内是否缺乏金属制品；区分金属与非金属零件；产品有无标牌检测；起重机危险区报警；安全扶梯自动启停。

（6）计量控制。产品或零件的自动计量；检测计量器、仪表的指针范围而控制数或流量；检测浮标控制测面高度和流量；检测不锈钢桶中的铁浮标；仪表量程上限或下限的控制；流量控制，以及水平面控制。

（7）识别对象。根据载体上的码识别是与非。

（8）信息传送。ASI（总线）连接设备上各个位置上的传感器在生产线（50~100 m）中的数据往返传送等。

接近开关按其外形可分为圆柱形、方型、沟型、穿孔（贯通）型和分离型。圆柱型比方型安装方便，但其检测特性相同。沟型的检测部位是在槽内侧，用于检测通过槽内的物体。贯通型在我国很少生产，而日本则应用较为普遍，可用于小螺钉或滚珠之类的小零件和浮标组装成水位检测装置等。

（四）接近开关接线

（1）接近开关有两线制和三线制之区别，三线制接近开关又分为 NPN 型和 PNP 型，它们的接线是不同的。

（2）两线制接近开关的接线比较简单，接近开关与负载串联后接到电源即可。

（3）三线制接近开关的接线。红（棕）线接电源正端，蓝线接电源 0V 端。黄（黑）线为信号，应接负载。负载的另一端连接时，应注意：对于 NPN 型接近开关，应接到电源正端；对于 PNP 型接近开关，则应接到电源 0V 端。

（4）接近开关的负载可以是信号灯、继电器线圈，或可编程控制器 PLC 的数字量输入模块。

（5）需要特别注意的是，接到 PLC 数字输入模块的三线制接近开关的型式选择。PLC 数字量输入模块一般可分为两类。一类的公共输入端为电源 0，电流从输入模块流出（日本模式）。此时，一定要选用 NPN 型接近开关。另一类的公共输入端为电源正端，电流流入输入模块，即阱式输入（欧洲模式）。此时，一定要选用 PNP 型接近开关。

（6）两线制接近开关受工作条件的限制，导通时开关本身产生一定压降，截止时又有一定的剩余电流流过，选用时应予考虑。三线制接近开关虽然多了一根线，但它不受剩余电流等不利因素的干扰，工作更为可靠。

（7）有的厂商将接近开关的"常开"和"常闭"信号同时引出，或增加其他功能。此种情况，请按产品说明书的具体要求接线。

（8）槽型光电开关接线。

光电开关所使用的二极管是发光二极管，输出则是光敏三极管，C 就是集电极，E 则是发射极。

一般三极管作开关使用时，通常都用集电极作输出端。

一般接法时，二极管为输入端，E 接地，C 接负载，负载的另一端需要接正电源。这种接法适用范围比较广。

特殊接法时，二极管为输入端，C 接电源正，E 接负载，负载的另一端需要接地。这种接法只适用于负载等效电阻很小的时候（几十欧姆以内），如果负载等效电阻比较大，可能会引起开关三极管工作点不正常，导致开关工作不可靠。

接近开关在航空、航天技术及工业生产中都有广泛的应用。它在宾馆、饭店、车库的自动门，以及自动热风机上都有应用。在资料档案、财会、金融、博物馆、金库等安防重地，通常也都装有由各种接近开关组成的防盗装置。在长度或位置的测量，在位移、速度、加速度的测量和控制等方面，也都使用大量的接近开关。见表 3-1。

表 3-1　接近开关参数

本体材质	A.B.S
填充物	Epoxy
最大功率	10 W
最大开关电压	100 VDC
最大开关电流	0.5 A
最小崩溃电压	220 VDC
最大负载电流	1.0 A
最大接蚀电阻	100 mΩ
最小绝缘电阻	108 Ω
感动时间	0.1 ms Max
释放时间	0.4 ms Max

（五）接近开关的用法

在一般的工业生产场所，通常都选用涡流式接近开关和电容式接近开关。因为这两种接近开关对环境的要求条件较低。

当被测对象是导电物体或可以固定在一块金属物上的物体时，一般都选用涡流式接近开关，因为它的响应频率高、抗环境干扰性能好、应用范围广、价格较低。

若所测对象是非金属（或金属）、液位高度、粉状物高度、塑料、烟草等，则应选用电容式接近开关。这种开关的响应频率低，但稳定性好。安装时应考虑环境因素的影响。

若被测物为导磁材料，或者为了区别和它在一起的物体而把磁钢埋在被测物体内时，应选用霍尔接近开关，它的价格最低。

在环境条件比较好、无粉尘污染的场合，可采用光电接近开关。光电接近开关工作时对被测对象几乎没有任何影响。因此，在要求较高的传真机、烟草机械上等都被广泛地使用。

在防盗系统中，自动门通常使用热释电接近开关、超声波接近开关、微波接近开关。有时为了提高识别的可靠性，上述几种接近开关往往被复合使用。

无论选用哪种接近开关，都应注意其对工作电压、负载电流、响应频率、检测距离等各项指标的要求。

对于不同材质的检测体和不同的检测距离，应选用不同类型的接近开关，以使其在系统中具有较高的性价比。在选型中，应遵循以下四个原则。

（1）当检测体为金属材料时，应选用高频振荡型接近开关，该类型接近开关对铁镍、A3钢类检测体检测最灵敏。而对铝、黄铜和不锈钢类检测体，其检测灵敏度就低。

（2）当检测体为非金属材料时，如木材、纸张、塑料、玻璃和水等，应选用电容型接近开关。

（3）当金属体和非金属要进行远距离检测和控制时，应选用光电型接近开关或超声波型接近开关。

（4）当检测体为金属时，若检测灵敏度要求不高，可选用价格低廉的磁性接近开关或霍尔式接近开关。

（六）接近开关的检测

（1）动作距离测定。当动作片由正面靠近接近开关的感应面时，使接近开关动作的距离为接近开关的最大动作距离，测得的数据应在产品的参数范围内。

（2）释放距离的测定。当动作片由正面离开接近开关的感应面，开关由动作转为释放时，测定动作片离开感应面的最大距离。

（3）回差 H 的测定。最大动作距离和释放距离之差的绝对值。

（4）动作频率测定。用调速电机带动胶木圆盘，在圆盘上固定若干钢片，调整开关感应面和动作片间的距离，约为开关动作距离的80%左右，转动圆盘，依次使动作片靠近接近开关，在圆盘主轴上装有测速装置，开关输出信号经整形，接至数字频率计。此时启动电机，逐步提高转速，在转速与动作片的乘积与频率计数相等的条件下，可由频率计直接读出开关的动作频率。

（5）重复精度测定。将动作片固定在量具上，由开关动作距离的120%以外，从开关感应面正面靠近开关的动作区，运动速度控制在 0.1 mm/s 上。当开关动作时，读出量具上的读数，然后退出动作区，使开关断开。如此重复10次，最后计算 10 次测量值的最大值和最小值与 10 次平均值之差，差值大者为重复精度误差。

（七）下面以狮威（LIONPOWER）接近开关为例进行介绍

（1）SN04-N，SN04-P（应用最广）其型号含义：SN 表示方形，04 表示感应距离 4 mm，N 表示输出是 NPN 型，P 表示 PNP 型。

（2）TL-Q5MC1/TLQM5B1。TL-Q5MC1 为 NPN 型，TLQM5B1 为 PNP 型。方形，感应距离 5 mm。

（3）PL-05N/PL-05P 感应距离 5 mm，PL-05N 是 NPN 型，PL-05P 是 PNP 型。

（4）W-05N/W-05P 扁形，上（侧）面感应，感应距离 5 mm。

（5）LP-8N2C/LP-8P2C 圆柱形，直径 8 mm，感应距离 2 mm。

（6）LP-12N4C/LP-12P4C 圆柱形，直径 12 mm，感应距离 4 mm。

（7）LP-18N8C/LP-18P8C 圆柱形，直径 18 mm，感应距离 8 mm。以上是直流三线电感式接近开关，供电为 DC10~30 v，均有 NPN 和 PNP 两种输出。标准导线长度是 1.5 m。负载能力：阻性负载 ≤ 100 mA，感性负载 ≤ 50 mA。

（8）SN04-Y 交流二线式方形接近开关，感应距离 4 mm，交流 90~250 V 供电。

（9）LP-12Y4C 圆柱形交流二线式接近开关，直径 12 mm，感应距离 4 mm，90~250 vAC 供电。

（10）LP-18Y8C 圆柱形交流二线式接近开关，直径 18 mm，感应距离 8 mm，90~250 vAC 供电。

（11）CP-18R8DN/CP-18R8DP 圆柱形电容式接近开关，感应距离 8 mm，可感应非金属。

（12）直流三线接近开关的三根线分别是：棕色线—电源正极，蓝色线—电源负极，黑色线—输出信号。

（13）交流二线型开关，将负载和接近开关串联后接在交流电源端。

（八）限位开关

1. 限位开关的定义

限位开关又称行程开关，可以安装在相对静止的物体（如固定架、门框等，简称静物）上或者运动的物体（如行车、门等，简称动物）上。当动物接近静物时，开关的连杆驱动开关的接点引起闭合的接点分断或者断开的接点闭合。由开关接点开、合状态的改变去控制电路和电机。限位开关就是用以限定机械设备的运动极限位置的电气开关。限位开关有接触式的和非接触式的。接触式的比较直观，机械设备的运动部件上，安装上行程开关；在与其相对运动的固定点或相反的位置上安装极限位置的挡块。当行程开关的机械触头碰上挡块时，切断了（或改变了）控制电路，机械就会停止运行或改变运行。由于机械的惯性运动，这种行程开关有一定的"超行程"以保护开关不受损坏。非接触式的形式很多，常见的有干簧管、光电式和感应式等，这几种形式在电梯中都能够见到。当然还有更多的先进形式。

限位开关是一种常用的小电流主令电器。利用生产机械运动部件的碰撞使其触头动作来实现接通或分断控制电路，达到一定的控制目的。通常，这类开关被用来限制机械运动的位置或行程，使运动机械按一定位置或行程自动停止、反向运动、变速运动或自动往返运动等。

2. 限位开关的作用

在电气控制系统中，限位开关的作用是实现顺序控制、定位控制和位置状态的检测。用于控制机械设备的行程及限位保护。限位开关：由操作头、触点系统和外壳组成。

在实际生产中，将限位开关安装在预先安排的位置，当装于生产机械运动部件上的模块撞击行程开关时，限位开关的触点动作，实现电路的切换。因此，行程开关是一种根据运动部件的行程位置而切换电路的电器，它的作用原理与按钮类似。

限位开关广泛用于各类机床和起重机械，用以控制其行程、进行终端限位保护。在电梯的控制电路中，还利用行程开关来控制开关轿门的速度、自动开关门的限位、轿厢的上下限位保护等。

限位开关的应用方面很多，很多电器里面都有它的身影。这种简单的开关能起什么作用呢？它主要是起连锁保护的作用。最常见的例子莫过于其在洗衣机和录音机（录像机）中的应用了。

在洗衣机的脱水（甩干）过程中转速很高，如果此时有人由于疏忽打开洗衣机的门或盖后，再把手伸进去，很容易对人造成伤害。为了避免这种事故的发生，在洗衣机的门或盖上装了个电接点，一旦有人开启洗衣机的门或盖时，就自动把电机断电，甚至还要靠机械办法联动，使洗衣机的门或盖子一打开，洗衣机就立刻"刹车"，强迫转动着的部件停下来，避免造成人身伤害。

在录音机和录像机中，我们常常使用到快进或者倒带，磁带急速地转动，但是当到达磁带的端点时，就会自动停下来。在这里，行程开关又一次发挥了作用，不过这一次不是靠碰撞而是靠磁带张力的突然增大而引起动作的。

限位开关主要用于将机械位移转变成电信号，使电动机的运行状态得以改变，从而控制机械动作或用作程序控制。

限位开关真正的用武之地是在工业生产上。在那里，它与其他设备配合，组成更复杂的自动化设备，见图3-2。

图3-2 一种限位开关

机床上有很多这样的限位开关，用它控制工件运动或自动进刀的行程，避免发生碰撞事故。有时，利用限位开关使被控物体在规定的两个位置之间自动换向，从而得到不断的往复运动。比如自动运料的小车到达终点碰着限位开关，接通了翻车机构，就把车里的物料翻倒出来，并且退回到起点。到达起点之后又碰着起点的行程开关，把装料机构的电路接通，开始自动装车。就这样循环往复，就形成了一套自动生产线，不用人管，机械夜以继日地工作，节省了人的体力劳动。

限位开关还可广泛地应用于建筑、港口、矿山等行业的起重、传输机械的空间三坐标的控制和限位。限位开关由高精度的大传动比减速器和与其输出轴同步的机械记忆控制机构和传感器组成。因 WTAU 系列限位开关具有体积小、功能多、精度高、限位可调、通用性强及维护安装和使用调整方便等特点，因此在工程机械中应用得极其广泛。

3. 限位开关的种类

限位开关分工作限位开关和极限限位开关两种。工作限位开关是用来给出机构动作到位信号的。极限限位开关是防止机构动作超出设计范围而发生事故的。工作限位开关安装在机构需要改变工况的位置，开关动作后，给出信号，进行别的相关动作。极限限位开关安装在机构动作的最远端，用来保护机构，避免动作过大而出现机构损坏。

限位开关，指为保护内置微动开关免受外力、水、油、气体和尘埃等的损害，而组装在外壳内的开关，尤其适用于对机械强度和环境适应性有特殊要求的地方。其形状大致分为横向型、竖向型和复合型。限位开关是由五个基本要素构成的。

4. 微动开关的结构

对于限位开关来说，微动开关的驱动机构是与密封性能和动作特性直接相关的重要部分。其构造分为以下三类。

（1）活塞型。根据密封方法不同，有表中的 A 型和 B 型两个种类。A 型是用 O 型环或薄膜密封的，由于密封橡胶没有外露，在抵制工作机械的切割碎屑方面功能较强大，但其反面影响是，有可能会将砂子、切割粉末等压入活塞的滑动面。B 型虽然不会把砂子、切割粉末等压入，且密封性能优于 A 型，但由于炽热的切割碎屑飞溅过来，有可能会损坏橡胶帽。因此，要根据使用场所的不同选用 A 型或 B 型。而柱塞型仍然通过柱塞的往复运动压缩或吸进空气。如果长时间将柱塞压入，限位开关内的压缩空气将逸失，内部压力将与大气压相同，即使急于让柱塞复位，柱塞却有迟缓复位的倾向。为了避免发生这种故障，设计时，根据柱塞的压入将空气的压缩量控制在限位开关内部全部空气量的20%以内。另外，为了延长微动开关的寿命，在这一构造内部设置了一个OT吸收机构，该OT吸收机构采用OT吸收弹簧，用以吸收残余的柱塞的行程。该机构相对于柱塞的运动，在中途停止按压微动开关辅助柱塞的行程。

（2）铰链摆杆型。在摆杆端部（滚珠），柱塞的行程量根据摆杆的比例扩大，因此，一般不使用OT吸收机构。

（3）旋转摆杆型。举一个典型的示例来示例WL的构造，但除此之外，还有两个类型：将复位柱塞的功能赋予柱塞的类型；通过线圈弹簧获取复位力、用凸轮带动辅助柱塞的类型。

5. 驱动开关的构成材料

开关的主要部分是由下列材料构成的。

（1）零件、材料和材料记号特征。接点金Au抗腐蚀性非常优越，用于微小负载。因为其质地较柔软（维氏硬度HV25~65），因此较易黏着（接点黏着），并且在接点接触力较大的情况下，接点容易凹陷。

金、银合金AuAg 90%金、10%银的合金抗腐蚀性非常优越，硬度为HV30~90，比金高，因此广泛用于微小负载用开关。

白金、金、银合金PGS 69%金、25%银、6%白金的合金抗腐蚀性非常优越，硬度也与金银合金相同，广泛用于微小负载用开关，称为"1号合金"。

银、钯合金AgPd抗腐蚀性较好，但较易吸附有机气体生成聚合物。50%银、50%钯的情况下，硬度为HV100~200。

银Ag导电率、热传导率在金属中是最大的。虽然表现出较低的接触电阻，但其缺点是，在硫化气体的环境中较易生成硫化膜，在微小负载区域较易产生接触不良。硬度为HV25~45。多用于一般负载用开关。

银、镍合金AgNi 90%银、10%镍的银、镍合金导电率与银接近，在抗电弧、抗熔化方面表现优良。其硬度为HV65~115。

银、铟、锡合金AgInSn硬度、熔点较高，抗电弧性优越，不易熔化或转移。

可动弹簧、可动片弹簧用磷青铜C5210压延性、抗疲劳性及抗腐蚀性优良。已进行退火处理。如果弹簧临界值（Kb0.075）C5210-H为40 kgf/mm² 以上、

C5210-EH 为 47 kgf/mm² 以上，较低，广泛用于小型微动开关的可动片。

（2）用于弹簧用铍铜。（时效硬化处理型）C1700 C1720 压延加工后进行时效硬化处理。导电率较高，并且进行硬化处理后，如果弹簧临界值，在 90 kgf/mm²以上，且 C1720-H 在 47 kgf/mm² 以上，非常高，用于弹簧临界值必须为较高的微动开关，见图 3-3。

图 3-3 LX36 系列内部图片

弹簧用铍铜（mill-hardend 材料）出厂时，材料厂商已进行过时效硬化处理（称为"密尔哈敦材料"），零件加工后（压延）无需进行时效硬化处理。如果弹簧临界值（Kb0.075）在 65 kgf/mm² 以上（参考值），就会比弹簧用磷青铜高，可广泛用于小型微动开关的可动弹簧。

弹簧用不锈钢（奥氏体系列）抗腐蚀性优良。临界值（Kb0.075）SUS301-CSP-H 在 50 kgf/mm² 以上、SUS304-CSP-H 在40 kgf/mm²以上。

外壳、保护帽 苯酚树脂 PF 热硬化性树脂。广泛用于微动开关的外壳材料。UL 温度指数为 150 ℃，UL 阻燃级别在 94 V-1 以上，吸水率为 0.1%-0.3%。微动开关多使用无氨材料，见图 3-4。

图 3-4   LX36-82 \\ 84 \\ 88
微动开关

PBT 树脂 PBTP 热可塑性树脂。玻璃纤维强化型多用于微动开关的外壳材料。UL 温度指数为 130，UL 阻燃级别在 94 V-1 以上，吸水率为 0.07~0.1。

PBT 树脂 PETP 热可塑性树脂。玻璃纤维强化型用于微动开关的外壳材料。

聚酰胺（尼龙）树脂 PA 热可塑性树脂。与 PBT 和 PET 相比，玻璃纤维强化型的耐热性较好。由于吸水率较高，因此应尽量选用吸水率较低的品种。UL 温度指数为 180 ℃，UL 阻燃级别在 94 V-1 以上，吸水率为 0.2~1.2。

聚苯硫醚 PPS 热可塑性树脂。与 PA 相比，其耐热性更为优越。UL 温度指数为 200 ℃，UL 阻燃级别在 94 V-1 以上，吸水率为 0.1。

开关盒 铝（铸件）ADC 多用于限位开关的开关（箱）盒的材料。JIS H5302 中有标准。

锌（铸件）ZDC 与铝铸件相比，适用于较薄的部位，抗腐蚀性也比铝铸件优越。JIS H5301 中有标准。

密封橡胶 丁腈橡胶 NBR 耐油性优良，广泛应用于限位开关。根据结合腈的量将腈的等级分为 5 类，即极高（43% 以上）、高（36%~42%）、中高（31%~35%）、低（24% 以下），耐油性、耐热型、耐寒性稍有不同。使用温度范围为-40 ℃~130 ℃。

硅胶 SIR 耐热型、耐寒性优良，使用温度范围为-70 ℃~280 ℃，但耐油性较差。

氟化胶 FRM 与腈丁二烯、硅胶相比，其耐热型、耐寒性、耐油性优良，但在耐油性方面根据油的成分不同有时会比腈丁二烯还差。

氯丁二烯橡胶 CR 耐臭氧性、耐气候性较好。其广泛应用于对耐气候性有特殊要求的微动开关。

6. 限位开关用语说明

（1）限位开关。为保护小型开关不受外力、水、油、尘埃等的侵害，而将其装入金属外壳或者塑料外壳中的开关（以下称"开关"）。

（2）额定值。一般指作为开关特性和性能的保证标准的量，如额定电流、额定电压等，以特定的条件为前提。

（3）有接点。指利用接点的机械开合来实现开关的功能。

（4）接触形式。根据各种用途构成接点的电气输入输出电路的方式。

树脂固定（塑封端子）。用导线对端子部分完好配线，通过充填树脂使该部分固定，消除暴露在外的带电部分，提高密封性的一种方法。

7. 与结构、构造相关的用语（见表3-2）

表3-2　结构、构造相关的用语见下表所示

1	机械寿命	将过行程（OT）设为规格值，在未通电状态下的开关寿命
2	电气寿命	将过行程（OT）设为规格值，在额定负载（阻性负载）下的开关寿命
3	FP（自由位置）	没有施加外力时驱动杆的位置
4	OP（动作位置）	向驱动杆施加外力，使可动接点刚从自由位置的状态开始反转时的位置
5	TTP（总行程位置）	驱动杆到达驱动杆停止挡时的位置
6	RP（返回位置）	减少对驱动杆的外力，使可动接点刚从动作位置反转到自由位置状态时驱动杆的位置
7	OF（动作力）	为了从自由位置移动到工作位置所必须给驱动杆施加的力
8	RF（回复力）	为了从总行程位置移动到回复位置，必须对驱动杆施加的力
9	PT（预行程）	驱动杆从自由位置到动作位置的移动距离 或移动角度
10	OT（过行程）	驱动杆从动作位置到总行程位置的移动距离或移动角度

续表

| 11 | MD（应差行程） | 驱动杆从动作位置到返回位置的移动距离或移动角度 |
| 12 | TT（总行程） | 驱动杆从自由位置到总行程位置的移动距离或移动角度 |

8. EN60947-5-1 规格用语

对目录中使用的上述规格用语说明如下。

EN60947-5-1 是指电气机械控制电路设备的 EN 规格。它和 IEC60947-5-1 的内容相同。

其使用范围如下，开关按用途来分类。请参考下面的例子，见表 3-3。

表 3-3 电流类别表

1	额定动作电流（Ie）	使开关动作的额定电流值
2	额定动作电压（Ue）	使开关动作的额定电压值。不能超过额定绝缘电压（Ui）
3	额定绝缘电压（Ui）	开关保持绝缘性的最大额定电压值。是耐压值和爬电距离的参数
4	额定密闭热电流（I the）	在开关带电部位为密封型的开关中，持续通电时也不会超过规格规定的临界温升值的电流值，材质为黄铜的端子部位的规格规定的临界温升值为 65 ℃
5	额定脉冲耐压（Uimp）	开关在绝缘不被损坏的情况下可承受的脉冲电压的峰值
6	有条件的短路电流	开关在短路保护装置动作前可承受的电流值
7	短路保护装置（SCPD）	在短路时通过切断保护开关的装置。（断路器，保险丝等）污染度。开关的使用环境。有以下 4 个等级，限位开关属于污染度 3

开关污染度级别表，见表 3-4。限位开关属于污染度 3，开关防触电保护等级见表 3-5。

表 3-4 开关污染度级别表

污染度 1	没有污染，或者只产生干燥的非导电性污染
污染度 2	通常只产生非导电性污染，但由于结露可能导致一时的导电性
污染度 3	产生导电性污染。或者非导电性污染由于结露而产生导电性污染
污染度 4	由于尘埃或雨雪等原因产生持续的导电性的污染开关防触电保护等级

表 3-5　开关防触电保护等级

Class 0	仅用基本绝缘来防止触电
Class I	除了基本绝缘，还用接地来防止触电
Class II	使用双重绝缘或加强绝缘来防止触电，不需要接地
Class III	使用了超低压电路防止触电，因此不需要采取防触电措施

9. 限位开关的种类

（1）角度限位开关。角度限位开关包括以下几种。

①7551 位置限位开关。鉴于 7551 型限位开关对材料，技术解决方案和大尺寸的选择，使得 7511 型限位开关尤其适用于腐蚀性的工作环境，适用于非常恶劣的操作条件，保证在任何时候及整个生命周期中的良好工作状态。

②TANGO 位置限位开关。Tango 是为了控制高架移动起重机，卷扬机和机床而设计的限位开关，通过电源接口（例如，接触器或可编程控制器）操作电机的辅助控制器。Tango 作为最新一代的限位开关：采用特殊设计和使用高性能的聚合体，保证了在重负荷工作状况下的高抵抗性和耐久性，它的设计和外形尺寸方便安装和维护操作。

③XFSC-XFRZ 位置限位开关。X-FCS 系列位置限位开关具有"T"字型或"十"字型条杆，而 X-FRZ 系列的特点是仅有一个条杆或仅有一个带有弹簧回动滚轮的条杆。限位开关设计用于控制桥式起重机、升降机和机床的移动。限位开关的外壳和头部均由热塑材料（纤维玻璃增强尼龙）制作。这些材料和部件确保了设备的高防水、防尘特性和持久性。

④AZ8 系列限位开关（行程开关）通过 UL/CSA/CE/CCC 认证 SUNS 美国三实。AZ8 系列限位开关（行程开关）是一种低成本的检测元件，适合于许多种狭小的安装环境。开关坚固耐用，并有多种操作头可选，适合多种应用。拆下其外壳，内部的触点块的正面和侧面都完全暴露在外，这对安装接线非常有利，开关底部柔软的电缆护套使安装接线更方便。

⑤防爆限位开关。防爆限位开关是为恶劣环境下为用户而特别设计的。BX的设计是针对腐蚀、水、尘土和油类进行的密封，这些外环境在 NEMA1，3，4，6，7，9，13 和 IP67 以及 IEC 529 中定义。这些外壳也符合欧洲的恶劣环境设

计，双全部 BX 系列产品符合血 European Directive 的用于潜在爆炸性气体（94/9/EC）的设备和保护系统要求，这些要求与 ATEX Directive 相符。

必须满足小型化设计，以适用于狭小的空间，见图 3-5。

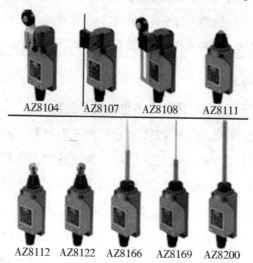

图 3-5　防爆限位开关

合金本体，塑料上盖。端子部全开放构造，便于布线。改进型支持 10 A 电流。开关参数表见表 3-6。

表 3-6　开关参数表

1	产品认证	UL、CSA、CE、CCC
2	额定工作电压	250 VAC
3	额定工作电流	10 A
4	防护等级	IP64
5	壳体尺寸	28 mm×64 mm×25 mm
6	安装孔距离	21 mm×56 mm

SUNS 美国三实产品型号：AZ8104、AZ8107、AZ8108、AZ8111、AZ8112、AZ8122、AZ8166、AZ8169、AZ8200。

限位开关主要由开关元件、接线端子、开关操动件和传动部分组成，根据开关触头接通和断开机械机理，开关元件有缓动开关和速度开关二类。

缓动开关的接通和断开动作切换时间与开关操作频率有关，操作频率越快，开关的切换也越快。

速度开关的接通和断开的转换时间与开关被操作的频率无关，只要开关被操作到一定位置，开关便发生接通和断开切换，此过程时间一般为弹簧弹跳所需时间，此时间段为一常数。

（九）旋转编码器

1. 旋转编码器的定义

旋转编码器是用来测量转速并配合 PWM 技术可以实现快速调速的装置。光电式旋转编码器通过光电转换，可将输出轴的角位移、角速度等机械量转换成相应的电脉冲以数字量输出（REP）。它分为单路输出和双路输出两种。技术参数主要有每转脉冲数（几十个到几千个都有），和供电电压等。单路输出是指旋转编码器的输出是一组脉冲，而双路输出的旋转编码器输出两组 A/B 相位差 90 度的脉冲，通过这两组脉冲不仅可以测量转速，还可以判断旋转的方向。

按照工作原理编码器可分为增量式和绝对式两类，见图 3-6。

图 3-6　旋转编码器/增量或绝对值编码器/拉线编码器

增量式 BEN 编码器是将位移转换成周期性的电信号，再把这个电信号转变成计数脉冲，用脉冲的个数表示位移的大小。绝对式编码器的每一个位置对应一个确定的数字码，因此它的示值只与测量的起始和终止位置有关，而与测量的中间过程无关。

旋转增量式编码器以转动时输出脉冲，通过计数设备来知道其位置。当编码器不动或停电时，依靠计数设备的内部记忆来记住位置。这样，当停电后，编码器不能有任何的移动，当来电工作时，编码器输出脉冲过程中，也不能有干扰而丢失脉冲；否则，计数设备记忆的零点就会偏移，而且这种偏移的量是无从知道的，只有错误的生产结果出现后才能知道。

解决的方法是增加参考点，编码器每经过参考点，将参考位置修正进计数设备的记忆位置。在参考点以前，是不能保证位置的准确性的。为此，在工控中就有每次操作先找参考点、开机找零等方法。

比如，打印机扫描仪的定位就是用的增量式编码器原理，每次开机，我们都能听到噼里啪啦的一阵响，那是它在找参考零点，然后才工作。

这样的方法对有些工控项目比较麻烦，甚至不允许开机找零（开机后就要知道准确位置），于是就有了绝对编码器的出现。

绝对型旋转光电编码器，因其每一个位置绝对唯一、抗干扰、无须掉电记忆，已经越来越广泛地应用于各种工业系统中的角度测量、长度测量和定位控制。

绝对编码器光码盘上有许多道刻线，每道刻线依次以 2 线、4 线、8 线、16 线等进行编排，这样，在编码器的每一个位置，通过读取每道刻线的通、暗，获得一组从 $2^0 \sim 2^{n-1}$ 的唯一的 2 进制编码（格雷码），这就称为 n 位绝对编码器。这样的编码器是由码盘的机械位置决定的，它不受停电等干扰的影响。

绝对编码器由机械位置决定的每个位置的唯一性，它无须记忆，无须找参考点，而且不用一直计数。什么时候需要知道位置，什么时候就去读取它的位置。这样，编码器的抗干扰特性、数据的可靠性就大大提高了。

由于绝对编码器在定位方面明显地优于增量式编码器，它已经越来越多地应用于工控定位中。绝对型编码器因其高精度，输出位数较多，如仍用并行输出，其每一位输出信号必须确保连接很好，对于较复杂工况还要隔离，连接电缆芯数多，由此带来诸多不便和降低可靠性，因此，绝对编码器在多位数输出型，一般均选用串行输出或总线型输出，德国生产的绝对型编码器串行输出最常用的是 SSI（同步串行输出）。

一个中心有轴的光电码盘，其上有环形通、暗的刻线，有光电发射和接收器件读取，获得四组正弦波信号组合成 A、B、C、D，每个正弦波相差 90°相位差

（相对于一个周波为360°），将 C、D 信号反向，叠加在 A、B 两相上，可增强稳定信号；另每转输出一个 Z 相脉冲以代表零位参考位。

由于 A、B 两相相差90°，可通过比较 A 相在前还是 B 相在前，以判别编码器的正转与反转。通过零位脉冲，可获得编码器的零位参考位。

编码器码盘的材料有玻璃、金属 T 塑料。玻璃码盘是在玻璃上沉积很薄的刻线，其热稳定性好，精度高，金属码盘直接以通和不通刻线，不易碎，但由于金属有一定的厚度，精度就有限制，其热稳定性就要比玻璃的差一个数量级，塑料码盘是经济型的，其成本低，但精度、热稳定性 T 寿命均要差一些。

分辨率——编码器以每旋转360°提供多少的通或暗刻线称为分辨率，也称解析分度、或直接称多少线，一般在每转分度 5~10000 线。

旋转编码器是集光机电技术于一体的速度位移传感器。

信号输出有正弦波（电流或电压），方波（TTL、HTL），集电极开路（PNP、NPN），推拉式多种形式。其中，TTL 为长线差分驱动（对称 A，A-；B，B-；Z，Z-），HTL 也称推拉式输出或推挽式输出，编码器的信号接收设备接口应与编码器对应。

信号连接—编码器的脉冲信号一般连接计数器、PLC、计算机，PLC 和计算机连接的模块有低速模块与高速模块之分，开关频率有低有高。

如单相联接，用于单方向计数，单方向测速。A、B 两相联接，用于正反向计数、判断正反向和测速。A、B、Z 三相联接，用于带参考位修正的位置测量。A、A-，B、B-，Z、Z-连接，由于带有对称负信号的连接，在后续的差分输入电路中，将共模噪声抑制，只取有用的差模信号，因此其抗干扰能力强，可传输较远的距离。

对于 TTL 的带有对称负信号输出的编码器，信号传输距离可达 150 m。

旋转编码器由精密器件构成，所以当受到较大的冲击时，可能会损坏内部功能，使用上应充分注意。

2. 旋转编码器的安装

（1）安装。安装时，不要给轴施加直接的冲击。

编码器轴与机器的连接，应使用柔性连接器。在轴上装连接器时，不要硬压入。即使使用连接器，因安装不良，也有可能给轴加上比允许负荷还大的负荷，而造成拨芯现象，因此要特别注意。

轴承寿命与使用条件有关，受轴承荷重的影响特别大。如轴承负荷比规定荷重小，可大大延长轴承寿命。

不要将旋转编码器进行拆解，这样做将有损防油和防滴性能。防滴型产品不宜长期浸在水和油中，表面有水和油时应擦拭干净。

（2）振动。加在旋转编码器上的振动，往往会成为误脉冲发生的原因。因此，应对设置场所、安装场所加以注意。每转发生的脉冲数越多，旋转槽圆盘的槽孔间隔越窄，越易受到振动的影响。在低速旋转或停止时，加在轴或本体上的振动使旋转槽圆盘抖动，可能会发生误脉冲。

（3）关于配线和连接。误配线可能会损坏内部回路，所以在配线时应充分注意以下几点。

①配线应在电源 OFF 状态下进行，电源接通时，若输出线接触电源，则有时会损坏输出回路。

②若配线错误，则有时会损坏内部回路，所以配线时应充分注意电源的极性等。

③若和高压线、动力线并行配线，则有时会受到感应造成误动作成损坏，所以要分离开另行配线。

④延长电线时，应在 10 m 以下。并且由于电线的分布容量，波形的上升、下降时间会较长。有问题时，应采用施密特回路等对波形进行整形。

⑤为了避免感应噪声等，要尽量用最短距离配线。向集成电路输入时，特别需要注意。

⑥电线延长时，因导体电阻及线间电容的影响，波形的上升和下降时间加长，容易产生信号间的干扰（串音），因此应用电阻小、线间电容低的电线，如使用双绞线和屏蔽线。

⑦对于 HTL 的带有对称负信号输出的编码器，信号传输距离可达 300 m。旋转编码器是集光机电技术于一体的速度位移传感器。

3. 旋转编码器的种类

（1）增量式编码器。增量式编码器轴旋转时，有相应的相位输出。其旋转方向的判别和脉冲数量的增减，需借助后部的判向电路和计数器来实现。其计数起点可任意设定，并可实现多圈的无限累加和测量。还可以把每转发出一个脉冲的 Z 信号，作为参考机械零位。当脉冲已固定，而需要提高分辨率时，可利用带 90°相位差 A、B 的两路信号，对原脉冲数进行倍频。

（2）绝对值编码器。绝对值编码器轴旋转器时，有与位置一一对应的代码（二进制，BCD 码等）输出，从代码大小的变更即可判别正反方向和位移所处的位置，而无需判向电路。它有一个绝对零位代码，当停电或关机后再开机重新测量时，仍可准确地读出停电或关机位置地代码，并准确地找到零位代码。一般情况下绝对值编码器的测量范围为 0°~360°，但特殊型号也可实现多圈测量。

（3）正弦波编码器。正弦波编码器也属于增量式编码器，主要的区别在于输出信号是正弦波模拟量信号，而不是数字量信号。它的出现主要是为了满足电气领域的需要，即用作电动机的反馈检测元件。在与其他系统相比的基础上，人们需要提高动态特性时可以采用这种编码器。

为了保证良好的电机控制性能，编码器的反馈信号必须能够提供大量的脉冲，尤其是在转速很低的时候，采用传统的增量式编码器产生大量的脉冲，从许多方面来看都有问题。当电机高速旋转（6000 rpm）时，传输和处理数字信号是困难的。在这种情况下，处理给伺服电机的信号所需带宽（例如，编码器每转脉冲为 10000 Hz）将很容易地超过 MHz 门限；而另一方面采用模拟信号大大减少了上述麻烦，并有能力模拟编码器的大量脉冲。这要归功于正弦和余弦信号的内插法，它为旋转角度提供了计算方法。这种方法可以获得基本正弦的高倍增加，例如可从每转 1024 个正弦波编码器中，获得每转超过 1000，000 个脉冲。接受此信号所需的带宽只要稍许大于 100 KHz 即可。内插倍频需由二次系统完成。

①信号序列。一般编码器输出信号除 A、B 两相（A、B 两通道的信号序列相位差为 90°）外，每转一圈还输出一个零位脉冲 Z。

当主轴以顺时针方向旋转时，按下图输出脉冲，A 通道信号位于 B 通道之前；当主轴逆时针旋转时，A 通道信号则位于 B 通道之后，由此可以判断主轴是正转还是反转。

正弦输出编码器输出的差分信号如图 3-7 所示。

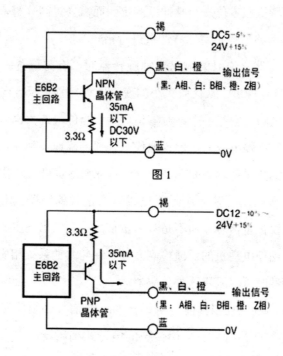

图 3-7　正旋编码器输出差分信号

②零位信号。编码器每旋转一周发一个脉冲，称之为零位脉冲或标识脉冲，零位脉冲用于决定零位置或标识位置。要准确测量零位脉冲，不论旋转方向，零位脉冲均被作为两个通道的高位组合输出。由于通道之间相位差的存在，零位脉冲仅为脉冲长度的一半。

③预警信号。有的编码器还有报警信号输出，可以对电源故障、发光二极管故障进行报警，以便用户及时更换编码器。

4. 编码器电路

（1）NPN/PNP 开路集电极输出（NPN/PNP Open Collector）。最基本的输出

方式，抗干扰能力差，输出有效距离短。在旋转编码器中用于增量型编码器输出，现已较少使用。传输介质是所有导线、光纤和无线电。图 3-8 为 NPN 开路集电极输出。

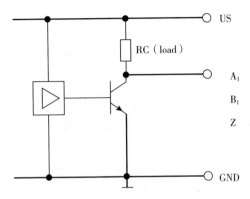

图 3-8　NPN 开路集电极输出

（2）二线驱动（TTL/RS422）。对称的正负信号输出，抗干扰能力强，最大传输距离 1000 m。

传输介质是双绞线。高频特性是佳。在旋转编码器乃至现今工业控制系统作为电气连接接口使用非常普遍。如图 3-9 所示。

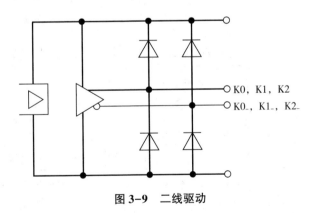

图 3-9　二线驱动

（3）推挽输出（Push-Pull）。组合了 PNP 和 NPN 两种输出，对称的正负信号输出，可以方便地驳接单端接收，抗干扰能力强，（差分接收）；最大传输距离 100 m。

传输介质是双绞线（差分接收）；所有导线、光纤和无线电（单端接收）。高频特性良好。

（4）其他。其他的接口方式还有 RS232（C）、RS485 以及绝对编码器常用的 SSI，各种现场总路线（如 Profibus、Devicenet、CANopen 等）。

表 3-7　编码器关键参数表

1	输出脉冲数/转	旋转编码器转一圈所输出的脉冲数发，对于光学式旋转编码器，通常与旋转编码器内部的光栅的槽数相同（也可在电路上使输出脉冲数增加到槽数的 2~4 倍）
2	分辨率	分辨率表示旋转编码器的主轴旋转一周，读出位置数据的最大等分数。绝对值型不以脉冲形式输出，而以代码形式表示当前主轴位置（角度）。与增量型不同，相当于增量型的"输出脉冲/转"
3	光栅	光学式旋转编码器，其光栅有金属和玻璃两种。如是金属制的，开有通光孔槽；如是玻璃制的，是在玻璃表面涂了一层遮光膜，在此上面没有透明线条（槽）。槽数少的场合，可在金属圆盘上用冲床加工或腐蚀法开槽。在耐冲击型编码器上使用了金属的光栅，它与玻璃制的光栅相比不耐冲击，因此在使用上请注意，不要将冲击直接施加于编码器上
4	最大响应频率	最大响应频率是在 1 秒内能响应的最大脉冲数。（例：最大响应频率为 2KHz，即 1 秒内可响应 2000 个脉冲。）公式如下：最大响应转速（rpm）/60×（脉冲数/转）＝输出频率 Hz
5	最大响应转速	可响应的最高转速，在此转速下发生的脉冲可响应公式如下：最大响应频率（Hz）/（脉冲数/转）×60＝轴的转速 rpm
6	输出波形	输出脉冲（信号）的波形
7	输出信号相位差	二相输出时，两个输出脉冲波形的相对的时间差
8	输出电压	指输出脉冲的电压。输出电压会因输出电流的变化而有所变化
9	起动转矩	使处于静止状态的编码器轴旋转必要的力矩。一般情况下运转中的力矩要比起动力矩小

续表

10	轴允许负荷	表示可加在轴上的最大负荷，有径向负荷和轴向负荷两种。径向负荷对于轴来说，是垂直方向的，受力与偏心偏角等有关。轴向负荷对于轴来说，是水平方向的，受力与推拉轴的力有关。这两个力的大小影响轴的机械寿命
11	轴惯性力矩	该值表示旋转轴的惯量和对转速变化的阻力
12	转速	该速度指示编码器的机械载荷限制。如果超出该限制，将对轴承使用寿命产生负面影响，另外，信号也可能中断
13	格雷码	格雷码是高级数据，因为是单元距离和循环码，所以很安全。每步只有一位变化。数据处理时，格雷码须转化成二进制码
14	工作电流	指通道允许的负载电流
15	工作温度	规定的编码器正常工作时的温度要求

编码器的注意事项如下所示：

（1）要避免与编码器刚性连接，应采用板弹簧。

（2）安装时 BEN 编码器应轻轻推入被套轴，严禁用锤敲击，以免损坏轴系和码盘。

（3）长期使用时，请检查板弹簧相对编码器是否松动；固定倍恩编码器的螺钉是否松动。

5. 实心轴编码器

编码器轴与用户端输出轴之间采用弹性软连接，以避免因用户轴的窜动、跳动而造成 BEN 编码器轴系和码盘的损坏。安装时，应注意允许的轴负载。应保证 BEN 编码器轴与用户输出轴的不同轴度<0.20 mm，与轴线的偏角<1.5°。安装时严禁敲击和摔打碰撞，以免损坏轴系和码盘。接地线应尽量粗，一般应大于ϕ3。编码器的信号线不要接到直流电源上或交流电源上，以免损坏输出电路。编码器的输出线彼此不要搭接，以免损坏 BEN 编码器输出电路。与 BEN 编码器相连的电机等设备，应接地良好，不要有静电。开机前，应仔细检查，还要检查产品说明书与 BEN 编码器型号是否相符，接线是否正确。配线时，应采用屏蔽电缆。长距离传输时，应考虑信号衰减因素，选用输出阻抗低、抗干扰能力强的输出方式。应避免在强电磁波环境中使用。

编码器是精密仪器，使用时要注意周围有无振源及干扰源。要注意环境温度和湿度是否在仪器使用要求范围之内。不是防漏结构的 BEN 编码器不要溅上水、油等，必要时要加上防护罩绝对是相对于增量而言的，顾名思义，所谓绝对就是编码器的输出信号在一周或多周运转的过程中，其每一位置和角度所对应的输出编码值都是唯一对应的，如此，便具备了掉电记忆的功能。

绝对式编码器是依据计算机原理中的位码来设计的，如 8 位码（0000 0011）、16 位码和 32 位码等。把这些位码信息反映在编码器的码盘上，就是多道光通道刻线，每道刻线依次以 2 线、4 线、8 线和 16 线等编排。如此编排的结果，比如对一个单圈绝对式而言，便是把一周 360° 分为 2^4、2^8、2^{16} 等，位数越高，则精度越高，量程亦越大。这样，在编码器的每一个位置，通过读取每道刻线的通、暗，获得一组从 $2^0 \sim 2^{n-1}$ 次方的唯一的 2 进制编码（格雷码），这就称为 n 位绝对编码器。这样的编码器是由光电码盘的机械位置决定的，它不受停电及其他干扰的影响。

绝对编码器由机械位置决定的每个位置是唯一的，它无须记忆，无须找参考点，而且也不用一直计数，什么时候需要知道位置，什么时候再去读取它的位置。这样，编码器的抗干扰特性、数据的可靠性都大大提高了。

本系统采用相对计数方式进行位置测量。运行前通过编程方式将各信号，如换速点位置、平层点位置、制动停车点位置等所对应的脉冲数，分别存入相应的内存单元，在电梯运行过程中，通过旋转编码器检测、软件实时计算以下信号：电梯所在层楼位置、换速点位置、平层点位置，从而进行楼层计数、发出换速信号和平层信号。

电梯运行中位移的计算如下：$H = SI$

公式中：S 为脉冲当量；I 为累计脉冲数；H 为电梯位移。

$S = \pi \lambda D / P \rho$

公式中：D 为曳引轮直径；ρ 为 PG 卡的分频比；λ 为减速器的减速比；P 为旋转编码器每转对应的脉冲数。

在本系统中：$\lambda = 1/32$，$D = 580$ mm，$Ned = 1450$ r/min，$P = 1024$，$\rho = 1/18$。

将以上数值代入公式 $S = \pi \lambda D / P \rho$ 可得 $S = 1.00$ mm/脉冲。

假设楼层的高度为 4 m，则各楼层平层点的脉冲数：1 楼为 0；2 楼为 4000；3 楼为 8000；4 楼为 12000。

假设换速点距楼层为 1.6 m，则各楼层换速点的脉冲数为：上升：1~2 楼为 2400，2~3 楼为 6400，3~4 楼为 10400；下降：4~3 楼为 9600，3~2 楼为 5600，2~1 楼为 1600。

二、风电机组变桨系统电池系统功能和接线方法

变桨系统配有 3 个电池箱，每个电池箱装有 3 个电池组或 2 个电池组（串联连接），每个电池组由 6 块电池组成（串联连接）。

电池箱的额定输出电压为：216VDC（12VDCx18）或 144VDC（12VDCx12）。

3 个电池箱分别对应风轮的 3 个轴。当风机发生严重故障或重大事故的情况下，变桨系统执行紧急顺桨功能，电池直接给变桨电机供电，驱动叶片安全顺桨到 91 度限位位置。

变桨电池组的形式，虽然略有不同，但蓄电池多采用阀控铅酸蓄电池（VR-LA）12 V7.2 AH，每组 6 只。每 2 组或 3 组为变桨电机提供储能。

1. 变桨电池组蓄电池的选择

因风机厂商电池品牌多选择松下（Pansonic）蓄电池，本书也以松下蓄电池为例。

（1）松下蓄电池型号说明：LC-系列，见表 3-8。

表 3-8　LC-系列

1	No. 1to3	前三位是商品记号，"LC-" 是表示阀控式密封铅酸蓄电池。
2	No. 4	第 4 位的英文字母为电池特性记号，具体含义如下。 R：小型阀控式密封一般品； V：小型阀控式密封一般品，难燃化电槽品； X：期待寿命 6 年品； P：期待寿命 6 年品，难燃化电槽品； Q：期待寿命 13 年品，难燃化电槽品
3	No. 5	第 5 位英文字母是相同型号，相同容量但形状不一样的产品区分记号。没有区分必要的时候，此英文字母可以省略。例如 LC-RLC-XA

续表

4	No. 6to7	2 个阿拉伯数字表示电池的公称电压，"12"表示电池的公称电压是 12 V，"06"表示电池的公称电压是 6 V
5	No. 8to10	1-3 个阿拉伯数字表示电池的额定容量，其中"R"表示小数点。例如"7R2"表示额定容量为 7.2 Ah，"100"表示额定容量为 100 Ah。中容量电池的端子如果为螺栓端子，则在上述型号后加一个"A"来表示
6	No. 11to12	最后用 1-2 个字母来区分电池的商标印刷和包装箱印刷的样式，对于小型蓄电池，在后面再加 1 个阿拉伯数字来区分端子，"1"表示 250 M 或 250 端子，"2"表示 250 端子与 187 端子，不加数字表示 187 端子

根据上述编号规则，"LC-R127R2ST1"表示该阀控式密封铅蓄电池为小型阀控式密封一般品，公称电压 12 V，额定容量为 7.2 Ah，中文包装箱，250 M 端子。

（2）松下各蓄电池系列用途说明，见表 3-9。

表 3-9　松下各蓄电池系列用途说明表

序号	型号名称	用途	特点
1	LC-WT——风力发电变浆系统专用	风力发电机组变浆系统专用	浮充期待寿命 3-6 年（25 ℃，最长放电 15 秒/周）不同设计，满足客户差异需求 风力发电变浆系统专业使用，更显专业、高品质；独特内部结构设计，承受高强度抗振考验；采用优质阻燃材 ABS 槽壳，符合 UL94V-0 标准，降低壳体燃烧可能
2	LC-P 系列——后备浮充使用普通品	大、中、小型 UPS、通讯领域、医疗设备、安全系统等	浮充期待寿命 6 年（25 ℃）/10 年（20 ℃）；更高比能量 采用优质阻燃材 ABS 槽壳，符合 UL94V-0 标准，降低壳体燃烧可能 优质板栅合金、独特生产工艺，增强板栅抗腐蚀能力，延长产品使用寿命
3	LC-R——循环普通品	小型家用电器等	运用娴熟 AGM 技术，精细工艺设计，呈现完美表现 所有产品出厂前 100% 容量检查，以品质铸造优良口碑

序号	型号名称	用途	特点
4	LC－V——后备浮充使用普通品	小型 UPS	浮充期待寿命 3 年（25 ℃）/5 年（20 ℃）。采用优质阻燃材 ABS 槽壳，负荷 UL94V_ 0 标准，降低壳体燃烧可能

（3）松下蓄电池相关技术数据，见表3-10。

表 3-10　电池的相关技术数据（单个电池）

制造商		Panasonic
电池型号		LC-P127R2P1
标称电压		12 V DC
额定容量（20 小时率）		7.2 Ah
尺寸规格	长	151 mm
	宽	64.5 mm
	高	94 mm
	总高	100 m
总重		大约 2.5 Kg
设计使用寿命（25 ℃恒温理想值）		大约 6 年

（4）电池特性，见表3-11。

表 3-11　电池特性（单个电池）

电池容量（25 ℃）	20 小时率（360 mA）	7.2 Ah
	10 小时率（680 mA）	6.8 Ah
	5 小时率（1260 mA）	6.3 Ah
	1 小时率（4900 mA）	4.9 Ah
	1.5 小时率放电终止电压：10.5 V	3.5 Ah
内部电阻	电池充满电（25 ℃）	大约 40 mΩ

续表

电池容量（25 ℃）		20 小时率（360 mA）	7. 2 Ah
		10 小时率（680 mA）	6. 8 Ah
		5 小时率（1260 mA）	6. 3 Ah
		1 小时率（4900 mA）	4. 9 Ah
		1.5 小时率放电终止电压：10.5 V	3. 5 Ah
电池容量的温度依赖性（20 小时率）		40 ℃	102%
		25 ℃	100%
		0 ℃	85%
		−15 ℃	65%
自放电（25 ℃）		存储 3 个月后的剩余容量	91%
		存储 6 个月后的剩余容量	82%
		存储 12 个月后的剩余容量	64%
充电方法：恒电压充电	浮充电方式	初始电流	1.08 A 或更小
		控制电压	13.6 V-13.8 V（每个电池单元，25 ℃时）

注意：上述特性数据是单个电池的 3 个充电/放电循环的平均值，不是最小值。

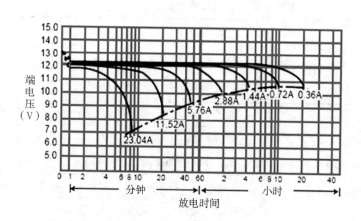

图 3-10　25 ℃时的电池放电特性

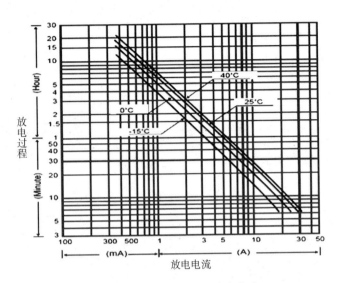

图 3-11　放电持续时间/放电电流

（5）额定功率放电表（25 ℃），见表 3-12。

表 3-12　　　　　　　　　　　　　　　　　　　　　　　（瓦特/电池）

终止电压 V	9.6 V	9.9 V	10.2 V	10.5 V	10.8 V
3 min	430	405	379	343	308
5 min	335	287	273	248	223
10 min	220	187	182	174	164
15 min	167	159	151	144	138
20 min	134	130	126	120	115
30 min	98.40	96.40	94.30	90.80	87.20
45 min	72.10	71.60	68.60	66.80	62.60
1 h	56.50	55.10	53.60	52.40	48.40
1.5 h	44.60	43.70	41.40	39.80	37.20
2 h	34.70	34.40	32.50	31.50	28.10
3 h	24.70	24.50	23.50	23.00	21.40
4 h	19.20	19.10	18.70	18.30	16.90
5 h	15.40	15.30	14.60	14.50	13.30

续表

终止电压 V	9.6 V	9.9 V	10.2 V	10.5 V	10.8 V
6 h	12.80	12.50	12.20	12.10	11.20
10 h	8.39	8.35	8.00	7.96	7.41
20 h	4.60	4.59	4.43	4.42	4.13

（6）额定功率放电表（25 ℃），见表3-13。

表 3-13 （安培/电池）

终止电压 V	9.6 V	9.9 V	10.2 V	10.5 V	10.8 V
3 min	38.90	36.10	34.20	31.40	29.00
5 min	30.60	28.70	26.90	24.10	22.30
10 min	19.90	19.50	19.00	17.60	15.70
15 min	14.80	14.70	14.40	13.40	12.50
20 min	12.30	12.10	11.90	11.30	11.00
30 min	9.10	9.00	8.90	8.70	8.40
45 min	6.40	6.36	6.30	6.20	6.10
1 h	5.10	5.05	5.00	4.90	4.80
1.5 h	3.50	3.43	3.36	3.29	3.20
2 h	2.70	2.68	2.61	2.52	2.40
3 h	2.00	1.99	1.97	1.94	1.90
4 h	1.53	1.52	1.51	1.50	1.48
5 h	1.26	1.25	1.24	1.23	1.20
6 h	1.02	1.01	1.00	0.98	0.97
10 h	0.67	0.66	0.65	0.65	0.65
20 h	0.36	0.36	0.36	0.36	0.35

以上数据均为平均值。

（7）大电流放电性（25 ℃），见表 3-14。

表 3-14

瞬间最大放电电流（A）	160	150	140	130	120	112	105	94	86	80	75
放电电流（A）	144	135	126	117	108	101	95	85	78	72	68
放电时间（秒）	3	6	10	15	20	25	30	40	50	60	70
电流（A）	70	60	62	59	55	52	49	46	44	42	40
放电电流（A）	63	60	56	53	50	47	44	42	40	38	36
放电时间（秒）	80	90	100	110	120	130	140	150	160	170	180

终止电压应大于 8.00 V：每次放电后电池需要充一次电，以上数据均为平均值。

基于蓄电池型号说明、技术特性、用途说明，以及参考各原变桨系统厂商初始蓄电池选择，用于变桨系统电池箱蓄电池从设计使用寿命、大电流放电、防火阻燃外壳、适应环境温度等角度进行考虑，建议选择 LC-WTP、LC-P 系列电池，并在确定型号前注意电池端子型号，以避免无法连接。具体型号见表 3-15。

表 3-15　蓄电池的规格和容量

型号	电压（V）	容量（Ah）20 小时率 20HR	外形尺寸（mm）				端子型号	单重（约 kg）	浮充期待寿命（年）	
			长（L）	宽（W）	高（H）	总高（TH）			25 ℃	20 ℃
LC-WTV127R2	12	7.20	151	64.50	94	100	250 M	2.50	3	5
LC-WTP127R2	12	7.20	151	64.50	94	100	250 M	2.50	6	10
LC-R127R2	12	7.20	151	64.50	94	100	250 M	2.50		
LC-V127R2	12	7.20	151	64.50	94	100	250 M	2.30	3	5
LC-P127R2	12	7.20	151	64.50	94	100	250 M	2.50	6	10

2. 蓄电池的存储

蓄电池的存储要求，有以下几点。

（1）蓄电池应在干燥、通风、阴凉的环境条件下停放或存储，严禁受潮、雨淋。

（2）避免蓄电池受阳光直射或其他热源影响而导致的过热危害。

（3）避免蓄电池存放中受到外力机械损伤或自身跌落。

由于温度对蓄电池自放电有影响，所以存放地点的温度应尽可能低。储存蓄电池的存储空间必须清洁，并且需进行适当维护。蓄电池储存期间应按规定补充电，见表3-16。

表3-16　蓄电池存储期间补充电的相关规定

存储期限	补充电规定
不超过2个月	无需补充电，直接使用
不超过6个月	以250 V/电池箱，恒压充电48个小时
不超过12个月	以250 V/电池箱，恒压充电96个小时
不超过24个月	以250 V/电池箱，恒压充电120个小时

以上充电电压为充电器20 ℃时的标称充电电压。蓄电池设备长期不用时，蓄电池应与充电设备和负载分开。

3. 蓄电池更换前的注意事项

（1）对于新蓄电池备件的检查，应注意以下两点。

①检查待更换蓄电池备件外观，是否有漏液、磕碰等状况。

②测量蓄电池备件开路电压，若单支低于10.8 V电池或已损坏，需要更专业的检测设备测量电池内阻等方法进行检测，避免更换后造成更大隐患；若单支电池低于12 V，需要进行补充充电。

一个新蓄电池备件在上风机更换前，需要进行补充电，并进行充电均衡，充电时间不少于24小时，确保新更换的电池或电池组储能饱和。因蓄电池更换后，风机启动有变桨动作，对于电池组来讲是一次深度放电。若新更换的电池组储能不足，将无法进行变桨，或者对电池组造成严重损害，那么电池组寿命将会缩短或者其使用时间将要缩短。

超级电容器（supercapacitors，ultracapacitor），又名电化学电容器（Electrochemical Capacitors），双电层电容器（Electrical Double-Layer Capacitor）、黄金电容、法拉电容，是从20世纪七八十年代发展起来的通过极化电解质来储能的一种电化学元件。它不同于传统的化学电源，是一种介于传统电容器与电池之间、具有特殊性能的电源，主要依靠双电层和氧化还原假电容电荷储存电能。但在其储能的过程并不发生化学反应，这种储能过程是可逆的，也正因为此，超级电容器可以反复充放电达数十万次。其基本原理和其他种类的双电层电容器一样，都是利用活性炭多孔电极和电解质组成的双电层结构获得超大的容量。

其突出的优点是功率密度高、充放电时间短、循环寿命长、工作温度范围宽，它是世界上已投入量产的双电层电容器中容量最大的一种。

（2）根据储能机理的不同，可以将蓄电池分为以下两类。

①双电层电容。它是在电极/溶液界面通过电子或离子的定向排列造成电荷的对峙而产生的。对一个电极/溶液体系，会在电子导电的电极和离子导电的电解质溶液界面上形成双电层。当在两个电极上施加电场后，溶液中的阴、阳离子分别向正、负电极迁移，在电极表面形成双电层；撤销电场后，电极上的正负电荷与溶液中的相反电荷离子相吸引而使双电层稳定，在正负极间产生相对稳定的电位差。这时对某一电极而言，会在一定距离内（分散层）产生与电极上的电荷等量的异性离子电荷，使其保持电中性；当将两极与外电路连通时，电极上的电荷迁移而在外电路中产生电流，溶液中的离子迁移到溶液中呈电中性，这便是双电层电容的充放电原理。

②法拉第准电容。其理论模型是由 Conway 首先提出，是在电极表面和近表面或体相中的二维或准二维空间上，电活性物质进行欠电位沉积，发生高度可逆的化学吸脱附和氧化还原反应，产生与电极充电电位有关的电容。对于法拉第准电容，其储存电荷的过程不仅包括双电层上的存储，而且还包括电解液离子与电极活性物质发生的氧化-还原反应。当电解液中的离子（如 $H+$、$OH-$、$K+$ 或 $Li+$）在外加电场的作用下由溶液中扩散到电极/溶液界面时，会通过界面上的氧化-还原反应而进入到电极表面活性氧化物的体相中，从而使得大量的电荷被存储在电极中。放电时，这些进入氧化物中的离子又会通过以上氧化-还原反应的逆反应重新返回到电解液中，同时，已存储的电荷通过外电路释放出来，这就是法拉第准电容的充放电原理。法拉第电容结构图见图3-12。

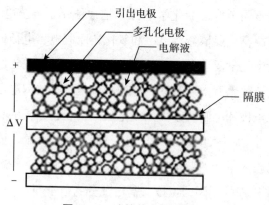

图 3-12　法拉第电容结构图

4. 超级电容

（1）超级电容的特点。

①充电速度快，充电 10 秒~10 分钟即可达到其额定容量的 95%以上；

②循环使用寿命长，深度充放电循环使用次数可达 1~50 万次，没有"记忆效应"；

③大电流放电能力超强，能量转换效率高，过程损失小，大电流能量循环效率≥90%；

④功率密度高，可达 300~5000 W/KG，相当于电池的 5~10 倍；

⑤产品原材料构成、生产、使用、储存和拆解过程均没有污染，是理想的绿色环保电源；

⑥充放电线路简单，无需像充电电池那样的充电电路，安全系数高，长期使用免维护；

⑦超低温特性好，温度范围宽：-40 ℃~70 ℃；

⑧检测方便，剩余电量可直接读出；

⑨容量范围通常在 0.1~1000 F。

（2）超级电容器单位介绍。

法拉（farad），简称"法"，符号是 F。1 法拉是电容存储 1 库仑电量时，两极板间电势差是 1 伏特 1 F＝1 C/1 V。

1 库仑是 1 A 电流在 1 s 内输运的电量，即 1 C＝1 A・S。

1 库仑 = 1 安培·秒

1 法拉 = 1 安培·秒/伏特

电瓶（蓄电池）12 伏 14 安时的放电量 = $14 \times 3600 \times 12 = 604800$ 法拉（F），（注：12 伏 14 安时电瓶是由 2 伏 14 安时 6 块串联来的，如果改成 6 块并联，就等于 2 伏 84 安时，转换为 1 伏就是 168 安时）。地球的电容值仅有 1~2 F。

（3）超级电容的优点。

①很小的体积下达到法拉级的电容量；

②无需特别的充电电路和控制放电电路；

③和电池相比，过充、过放都不会对其寿命构成负面影响；

④从环保的角度考虑，它是一种绿色能源；

⑤超级电容器可焊接，因此不存在像电池接触不牢固等问题。

（4）超级电容的缺点。

①如果使用不当会造成电解质泄漏等现象；

②和铝电解电容器相比，它内阻较大，因而不可以用于交流电路；

超级电容器之所以被称为"超级"的原因如下。

超级电容器可以被视为悬浮在电解质中的两个无反应活性的多孔电极板，在极板上加电，正极板吸引电解质中的负离子，负极板吸引正离子，实际上形成两个容性存储层，被分离开的正离子在负极板附近，负离子在正极板附近。

超级电容器在分离出的电荷中存储能量，用于存储电荷的面积越大、分离出的电荷越密集，其电容量越大。

传统电容器的面积是导体的平板面积，为了获得较大的容量，导体材料卷制得很长，有时用特殊的组织结构来增加它的表面积。传统电容器是用绝缘材料分离它的两极板，一般为塑料薄膜、纸等，这些材料通常要求尽可能的薄。

超级电容器的面积是基于多孔炭材料，该材料的多孔结构允许其面积达到 $2000 \ m^2/g$，通过一些措施可实现更大的表面积。超级电容器电荷分离开的距离是由被吸引到带电电极的电解质离子尺寸决定的。该距离（<10 Å）和传统电容器薄膜材料所能实现的距离更小。

庞大的表面积再加上非常小的电荷分离距离使得超级电容器较传统电容器而言有惊人大的静电容量，这也是其"超级"所在。

（5）控制超级电容器的放电。

超级电容器的电阻阻碍其快速放电，超级电容器的时间常数 τ 在 $1\sim2$ s，完全给阻-容式电路放电大约需要 5τ，也就是说如果短路放电大约需要 $5\sim10$ s。（由于电极的特殊结构，它们实际上得花上数个小时才能将残留的电荷完全放干净。）

（6）放电的控制时间。

超级电容器可以快速充放电，峰值电流仅受其内阻限制，甚至短路也不是致命的。实际上决定于电容器单体大小，对于匹配负载，小单体可放 10 A，大单体可放 1000 A。另一放电率的限制条件是热，反复地以剧烈的速率放电将使电容器温度升高，最终导致断路。

（7）超级电容器的使用。

①超级电容器具有固定的极性。使用前应确认极性。

②应在标称电压下使用。当电容器电压超过标称电压时，将会导致电解液分解，同时电容器会发热，容量下降，而且内阻增加，寿命缩短，在某些情况下，可导致电容器性能崩溃。

③不可应用于高频率充放电的电路中。高频率的快速充放电会导致电容器内部发热，容量衰减，内阻增加，在某些情况下会导致电容器性能崩溃。

④外部环境温度对使用寿命有着重要影响。电容器应尽量远离热源。

⑤被用作后备电源时的电压降。由于超级电容器具有内阻较大的特点，在放电的瞬间存在电压降 $\Delta V = IR$。

⑥不可处于相对湿度大于85%或含有有毒气体的场所。这些环境下会导致引线及电容器壳体腐蚀，导致断路。

⑦不能置于高温、高湿的环境中。应在温度 $-30\ ℃\sim50\ ℃$、相对湿度小于60%的环境下储存，避免温度骤升或骤降，否则会导致损坏。

⑧在用于双面电路板上时，连接处不可经过电容器可触及的地方。由于超级电容器的安装方式，会导致短路现象。

⑨当把电容器焊接在线路板上，不可将电容器壳体接触到线路板上。否则焊接物会渗入至电容器穿线孔内，对电容器性能产生影响。

⑩安装超级电容器后，不可强行倾斜或扭动电容器。否则会导致电容器引线

松动，导致性能劣化。

⑪在焊接过程中，避免使电容器过热。若在焊接中使电容器出现过热现象，会降低电容器的使用寿命。例如：如果使用厚度为 1.6 mm 的印刷线路板，焊接过程应为 260 ℃，时间不超过 5 s。

⑫在电容器经过焊接后，线路板及电容器需要经过清洗。因为某些杂质可能会导致电容器短路。

⑬将电容器串联使用。由于工艺原因，单极超级电容器的额定工作电压一般在 2.8 V 左右，所以大多数情况下必须串联使用。由于串联回路每个单体容量很难保证 100% 相同，也很难保证每个单体漏电也相同，这样就会导致串联回路的每个单体充电电压不同，可能会导致电容器过压损坏，因此，超级电容器串联必须附加均压电路。当超级电容器进行串联使用时，存在单体间的电压均衡问题，单纯的串联会导致某个或几个单体电容器过压，从而损坏这些电容器，整体性能受到影响。所以在电容器进行串联使用时，需要得到厂家的技术支持。

对于超级电容的选择，功率要求、放电时间及系统电压变化起着决定作用。超级电容器的输出电压降由两部分组成，一部分是超级电容器释放能量；另一部分是由于超级电容器内阻引起。两部分谁占主要取决于时间，在非常快的脉冲中，内阻部分占主要；相反在长时间放电中，容性部分占主要。

（8）超级电容器的参数选择。

超级电容器模块见图 3-13。

图 3-13　超级电容器模块

以下基本参数决定选择电容器的大小。

①最高工作电压；

②工作截止电压；

③平均放电电流；

④放电时间时长。

（9）超级电容与电池比较有如下特性。

①超低串联等效电阻（LOW ESR），功率密度（Power Density）是锂离子电池的数十倍以上，适合大电流放电。（一枚 4.7F 电容能释放瞬间电流 18 A 以上。）

②超长寿命，充放电大于 50 万次，是 Li-Ion 电池的 500 倍，是 Ni-MH 和 Ni-Cd电池的 1000 倍，如果对超级电容每天充放电 20 次，可连续使用长达 68 年。

③可以大电流充电，充放电时间短，对充电电路要求简单，无记忆效应。

④免维护，可密封。

⑤温度范围在-40 ℃~70 ℃，一般电池是-20 ℃~60 ℃。

⑥超级电容可以串、并联组成为超级电容模组，可耐压储存更高容量。

（10）超级电容器的具体选择方法。

超级电容器不同于电池，在某些应用领域，它可能优于电池。有时将两者结合起来，将电容器的功率特性和电池的高能量存储结合起来，不失为一种更好的途径。

超级电容器在其额定电压范围内可以被充电至任意电位，且可以完全放出。而电池则受自身化学反应限制工作在较窄的电压范围，如果过放可能造成永久性破坏。

超级电容器的荷电状态（SOC）与电压构成简单的函数，而电池的荷电状态则包括多样复杂的换算。

超级电容器与其体积相当的传统电容器相比可以存储更多的能量，电池与其体积相当的超级电容器相比可以存储更多的能量。在一些功率决定能量存储器件尺寸的应用中，超级电容器是一种更好的途径。

超级电容器可以反复传输能量脉冲而无任何不利影响；相反如果电池反复传输高功率脉冲，那么其寿命将会大打折扣。

 复习思考题

1. 什么是偏航系统？其功能是什么？

2. 有哪些偏航故障？

3. 偏航手动操作箱的作用是什么？

4. 电压互感器的接线方式有哪些？

5. 电流、互感器的接线方式有哪些？

第四章 冷却、控制系统

学习目的：

1. 完成风电机组润滑与冷却系统热交换器上的电动机、风扇的接线。
2. 完成油泵电机的接线。

第一节 冷却系统装配

一、风电机组润滑与冷却系统热交换器的电动机、风扇的接线方法

润滑泵是一种润滑设备，是向润滑部位供给润滑剂的。机械设备都需要定期的润滑，以前润滑的主要方式是根据设备的工作状况，到达一定的保养周期后进行人工润滑，比如通常说的打黄油。润滑泵可以让这种维护工作更简便。润滑泵分为手动润滑泵和电动润滑泵两种。

自动润滑装置能有效地减少设备故障，降低能耗，提高生产效率，延长机器使用寿命。

多种规格的分配器，实现对各类摩擦副精确供油；组合式润滑阀块，可便利地修正系统设计，并能应生产要求而进行变更，从而使润滑剂的消耗最经济。

连续递进润滑分配器能承受 20 Mpa 的压力，可达距离输送润滑剂，其先进结构有效阻止了润滑油因自重而倒流。

供油润滑元件制造精良，性能完善，品质一流，是免维护集中润滑系统之必

备。多功能监测元件，可以准确、及时地监护各润滑点（摩擦副）的运行状况，报告机器故障的部位。

1. 润滑泵执行标准

适用于各行各业的大型、中型、小型设备的润滑，润滑计量要求严格的各种设备。润滑计量准确，省油，没有污染，免维修，生产成本低，系统运行可靠，可以保证设备的各种润滑要求。

2. 润滑泵的种类

润滑泵的冲类包括：润滑泵、手动润滑泵、电动润滑泵、气动润滑泵、供油泵、自动润滑泵、液压站、润滑泵站、油雾润滑、油气润滑、润滑装置。具有80多个产品系列600多个规格的润滑装置、润滑系统、润滑元件、供油系统等全系列的润滑机械产品及配套件。

3. 润滑泵系统分类

比例式、定量式、递进式等三大类，涵盖干、稀油全系列润滑型产品，涉及的系统有：SLR润滑油（脂）单线阻尼集中润滑系统、PDI润滑油（脂）容积式集中润滑系统、PRG润滑油（脂）递进式集中润滑系统、油雾润滑润滑系统、油气润滑润滑系统、车辆底盘自动润滑系统、装配线气控精密定量供油装置、开式齿轮喷油润滑装置、链条喷油润滑装置、特种装备润滑装置、各类专用液压泵站。

自动润滑泵在风电行业使用较多的有"贝壳"和"林肯"两个品牌。需提供润滑泵电机24 V电源，及润滑油位反馈信号，此外在润滑油路分配器上相应有偏航齿轮堵塞反馈信号及偏航轴承堵塞反馈信号，在变桨润滑分配器上同样有相应堵塞反馈信号。这些油位反馈及堵塞反馈信号同控制系统一起构成了风电机组的润滑系统。

对于润滑系统的接线，相对非常简单，见图4-1、图4-2、图4-3。

图 4-1　润滑泵插头

使用 3×1.5 mm² 电缆分别按照正（+）接 1，负（-）接 2，PE 接 PE 接入润滑油泵电源端头。

图 4-2　润滑泵接线

3×1.5 mm² 电缆用 φ8 缠绕管防护 500 mm，从内平台前盖板右侧的圆孔穿至平台以下。

图4-3　润滑泵分配器堵塞反馈开关

图4-4　润滑泵分配器

二、油泵电机接线的方法

　　油泵电机（Pump Motor Power）是一种改进的驱动油泵的特定电机。油泵电机包括电机主体、前端盖和输出传动轴，在前端盖上开设一个阶梯形孔，输出传动缩入前端盖内，为一中空的轴，轴孔孔径与油泵的输入传动轴的外径相配合，在输出传动轴的轴头有一键槽。

油泵分高压和低压，即高压柱塞油泵是靠泵中的凸轮轴，带动柱塞在柱塞套中上下往复运动，产生高压油供给喷油器。柱塞的圆柱面上加工有斜槽和直槽相互连通，轴向直槽直通柱塞顶。有的柱塞没有直槽，是在柱塞顶部钻一油孔与斜槽相通，构成泵腔。柱塞套上部钻有两个进油孔，当柱塞下降到这两个进油孔塞出柱塞顶面时，低压油便从这个进油孔往泵腔中进油。当柱塞向上运动时，已经进入泵腔中的油会从两个进油孔反流出一部分，当主代上升到柱塞顶面把两个进油孔封死时，往泵腔中充油才告结束。此时泵腔成了封闭腔。此后，柱塞还继续上升，腔内油压急剧升高，当高到足以克服出油阀弹簧压力时，出油阀被打开，高压油通过高压管供给喷油器。

当柱塞上升到柱塞上的斜槽与进油孔连通时，泵腔中的压力油流回低压腔，泵腔中的压力迅速下降，出油阀在弹簧作用下立即关闭，喷油泵立即停止供油。柱塞上的斜槽与柱塞套上的油孔连通的时间，也就是喷油泵停止供油的时间，停止供油时间越早，供油量就越大。转动柱塞就可以改变停止供油时间。当柱塞上的直槽与柱塞套上的油孔对上时，喷油泵便不会产生高压油，柴油机将熄火停车。使用中，操作人员通过操作机构可以改变柱塞的角度，从而改变油量的大小。

油泵电机一般为三相四线接线，即 U、V、W、PE。对应电机接线盒内的端子接线即可。

第二节　控制系统装配

一、完成塔筒地面控制柜内安全链控制与人机交互界面的安装与接线工作

1. 塔筒内的控制电缆（见表4-1）

表4-1　塔筒内的控制电缆

1	机舱 400 V 电源 5G25（5×25 mm^2）动力电缆

2	两根 10×1.5 mm² 开关柜控制电缆
3	一根 10×1.5 mm² 机组安全链电缆
4	光纤,网线
5	一根 5×1.5 mm² 灯线电缆
6	风向标,风速仪,叶轮锁定传感器,叶轮转速传感器与其电缆以及发电机前主轴承测温传感器等
7	滑环,滑环止动臂,叶轮转速传感器支架
8	150 mm² 电缆线鼻子,240 mm² 电缆线鼻子,ϕ40 热缩套管、缠绕管、防水绝缘胶带、绝缘胶带等电气安装辅材

2. 步骤和动作

首先,电缆铺设前在电缆两端做好防护标记。然后,在机舱柜平台下完成机舱 5G25（5×25 mm²）电缆及 10×1.5 mm² 机组安全链电缆铺设。

将机舱 5G25（5×25 mm²）电缆及 10×1.5 mm² 机组安全链电缆沿机舱柜平台下夹板固定。将电缆通过机舱柜平台开孔向上穿入机舱内。将 10×1.5 mm² 机组安全链电缆与机舱柜左侧插头连接。将机舱 5G25（5×25 mm²）电缆外部绝缘层剥除 200 mm 后穿过机舱柜内密封夹棉。5G25（5×25 mm²）电缆端子制作完成并接入柜内。剥除 5G25 电缆外层绝缘时不能伤到内部电缆绝缘。机舱柜底部密封夹棉不能拆除,安装完成后要进行恢复。

3. 完成光纤及网线在机舱内的铺设

在机舱控制柜平台下沿机组 10×1.5 mm² 机组安全链电缆铺设。光纤及网络每隔 300 mm 使用 300×3.6 mm 扎带绑扎一道。使用 ϕ6 缠绕带在光纤,网线绑扎处以及光纤,网线与金属接触处防护。铺设完成后,光纤、网线穿过机舱柜平台开孔进入机舱,并通过机舱柜内密封夹棉进入机舱柜内。光纤在机舱柜内沿布线槽布线。网线卷成一卷,盘好后固定在机舱柜支架旁边。光纤内部为脆弱玻璃纤维结构,禁止拖曳或过度挤压。

二、完成塔筒控制柜与远程通信线缆的电气连接

远程通信（Telecommunication）是把信号传送到远距离的通信。在古代,远

程通信包括用可见的信号，如信号灯、烟火信号、旗语、信号旗、光的反射镜、击鼓、吹角号、吹汽笛等。在电气和电子的现代社会，远程通信则使用电子器件，如电报、电话和电传打印机，以及用无线电和微波通信，及光纤通信，再加上人造卫星和互联网。

20世纪的前10年，Nikola Tesla 和 Guglielmo Marconi（马可尼）开始发展了无线电通信；他还获得1909年的诺贝尔物理奖。在此领域的工作还包括查理·惠特斯通和摩尔斯（电报）；贝尔（电话），亚姆斯壮和福理斯特（无线电）以及贝尔德和法恩斯沃思（电视）。

世界通过两条远程通信网络交换信息的有效容量，1986年为281拍字节；1993年为471拍字节，全球远程通信工业的税收，2008年为1.7万万（trillion）美元。

在模拟电话网络中，打电话的人通过各种电话交换的开关连接到他所希望通话的人。开关形成这两用户间的电接触。而当打电话人拨打这个号码时，这开关的移动由电决定。接上后，打电话人的声音通过网络传电信号给对方。

大多数居民家中固定线的电话都是模拟的，即说话者的声音直接决定信号的电压。但电话公司用数字形式传送，只在到达用户之前把信号转换成模拟形式。可用互联网同时传送多个数字信号，经远程传送后，才能完全复原。

移动电话对电话网络有着重要的冲击；在许多市场中，移动电话用户已超固定电话用户。

一个广播系统高功率广播塔发射高频率电磁波到许多低功率接收站。塔发送的高频电磁波用含有可见或声音信息调制。接收台接收高频电磁波，并解调含有可见或声音信息的信号。广播信号可是模拟或数字信号。

广播媒体工业现在是它发展过程的转折点，许多国家从模拟转到数字广播；这是由于可能生产更便宜、更快捷和容量更大的积分电路。数字广播主要优点在于它可防止对普通传统模拟广播的许多不满；对于电视来说，这些包括雪花画面、重像和扭曲。这是由于模拟传输性质所引起。干扰的噪音在最后放出时隐出现，而数字传输则克服这些问题。因为数字信号减少了接收时的不连续性。

互联网是计算机和计算机网络，通过互联网协议在世界范围的网络，用它可以实现彼此通讯。互联网内任何一台计算机都有自己唯一的地址，而其他计算机都可以与它互通信息。这样，互联网内任何一台计算机都可向另一计算机的固有地址传送信息，这样，互联网可使计算机间的讯息实现交换。

不管互联网的增长，局部网络的特点依然存在。它只有（几千米大小）。其优点是较便宜和效率高，另外保密性强。与此同时还存在着独立大面积的网络——私人计算机网络，它可延伸数千千米以外。这种网络的优点是：私密性强，安全。

自然，使用局部和大面积网络的包括军队和智能管理人，他们一定要保证他们的信息安全。

风机塔筒控制柜远程通信的连接是通过 TCP/IP 方式完成的，即通过网线完成远程通信。

 **复习思考题**

1. 简述风电机组润滑泵的作用？

2. 润滑泵的分类有哪些？

3. 润滑泵分配器的作用是什么？

4. 如何定义远程通信？

5. 风机塔筒控制远程通信的方式是什么？

第五章 风电机组厂内调试前的准备

1. 完成对风电机组电气线缆规格及铺设工艺的检查。

2. 发现接线缺陷，并予以更正。

3. 根据工艺技术文件、图纸等资料，绘制机组调试原理流程图和连线图。

4. 对风电机组主要电气组件的拆卸更换。

5. 对风电机组在调试过程中的安全隐患提出预防措施。

第一节 调试现场准备

一、调试流程图的绘制方法

（一）流程图定义

简单地说，流程图就是按照过程发展的连续顺序，用特定图形语言和结构将过程的各个独立步骤及其相互联系展示出来的工具。它是以简单的图标符号来表达问题解决步骤的示意图。

在实际工作中，我们常常需要向别人介绍清楚某项工作的操作流程。若是稍微复杂一些的工作流程，仅用文字是很难清楚表达的。这时，就应充分利用可视化技术，将那些复杂的工作流程用图形化的方式表达出来。这样不仅使你表达容易，而且让别人也更容易理解。利用流程图来表达工作的操作流程是最常用的手段。

（二）流程图的绘制要求

流程图的绘制必须使用标准的流程图符号，并遵守流程图绘制的相关规定。

目前应用比较广泛、比较优秀的流程图绘制软件为微软的 Microsoft Office Visio。它是一款将复杂信息、系统和流程进行可视化处理、分析和交流的软件，而且操作界面与常用的办公软件保持一致，易于学习和使用。

下面我们就以 Microsoft Office Visio 软件为例，介绍流程图的绘制和要求。

在用 Microsoft Office Visio 制图之前，最好先在头脑里想一想该项工作的实际要求或主要流程。然后，在一张纸上把要实现的图形效果大致画出来，这样就可以大大提高制作过程的效率。

（三）流程图的使用约定

（1）流程图中所用的符号应该均匀地分布，连线保持合理的长度，并尽量少使用长线。

（2）使用各种符号应注意符号的外形和各符号大小的统一，避免使符号变形或各符号大小比例不一。

（3）符号内的说明文字尽可能简明。通常按从左向右和从上向下方式书写，并与流向无关。

（4）流线的标准流向是从左到右和从上到下，沿标准流向的流线可不用箭头指示流向，但沿非标准流向的流线应用箭头指示流向。

（5）尽量避免流线的交叉。即使出现流线的交叉，交叉的流线之间也没有任何逻辑关系，并不对流向产生任何影响。

（6）两条或多条进入线可以汇集成一条输出线。此时，各连接点应要相互错开以提高清晰度，并用箭头表示流向。

（7）一个大的流程可以由几个小的流程组成。

（四）流程图常用符号

常用的流程图符号，见表 5-1。

表 5-1 常用流程图符号

符合	名称	意义
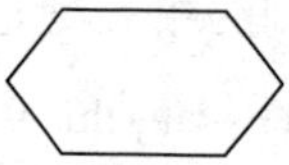	准备作业（Start）	流程图开始
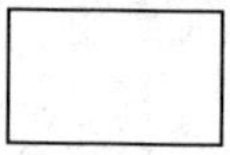	处理（Process）	处理程序
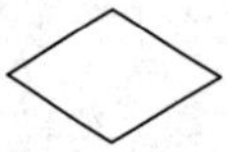	决策（Decision）	不同方案选择
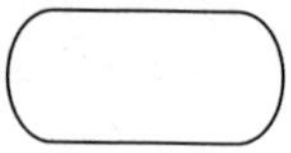	终止（END）	流程图终止
	路径（Path）	指示路径方向
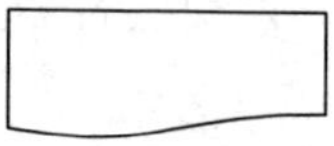	文件（Document）	输入或输出文件
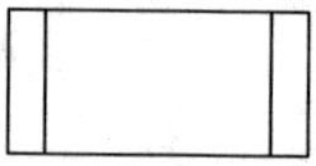	已定义处理（Predefined Process）	使用某一已定义的处理程序
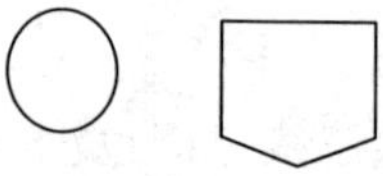	连接（Connector）	流程图向另一流程图的出口，或从另一地方的入口
	批注（Comment）	表示附注说明之用

（五）流程图结构说明

1. 循环结构

如图 5-1 所示，循环结构流程图按照循环路径的顺序进行处理。

适用于具有循序发生特性的处理程序，而绘制图形上下顺序就是处理程序进行顺序。实例如图 5-2 所示，为液压站测试，表示只有完成液压油位测试后，才能进行液压站启动测试。

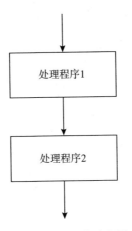

图 5-1 循环结构流程图

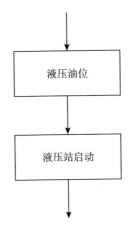

图 5-2 液压站测试流程图

2. 二元选择结构

如图 5-3 所示，流程依据某些条件，分别进行不同处理程序。当条件满足时，按照程序 1 进行处理；当条件不满足时，按照程序 2 处理。

适用于须经选择或决策过程，再依据选择或决策结果，择一进行不同处理程序；选择或决策结果，可以用「是、否」、「通过、不通过」或其他相对文字，来叙明不同路径处理程序；经选择或决策结果之二元处理程序，可以仅有一个，例如：仅有「是」或「否」的处理程序。实例如图 5-4 所示，为在不同变桨模式下，变桨角度的调整。如果在强制手动模式下，则可以向任意角度进行变桨，如果在非强制手动模式下，只能在最大变桨角度为 93°、最小变桨角度为-4°的范围内进行角度变桨。

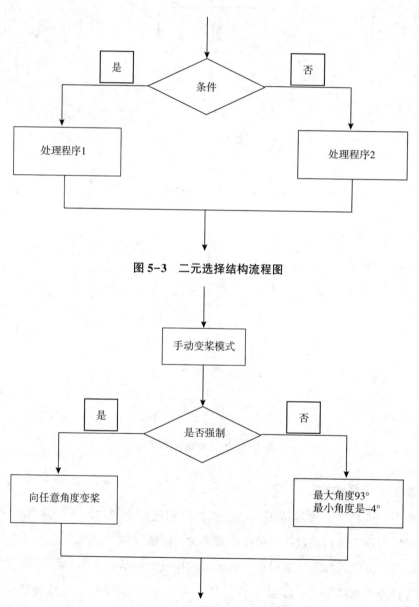

图 5-3　二元选择结构流程图

图 5-4　手动变桨模式测试流程图

3. 多重选择结构

多重选择结构是由二元选择结构演化而得，流程依据某些条件分别进行不同处理程序，见图5-5。

适用于当有多重状态时，对应不同的处理程序的测试流程。实例如图5-6所示，为发电机散热系统启停控制流程图。当发电机温度超过设定的上限值时，启动内外循环散热电机；当发电机温度超过设定的下限值而未超过上限值时，则只启动内循环散热电机；当发电机温度低于设定的下限值时，则不启动任何循环散热电机。

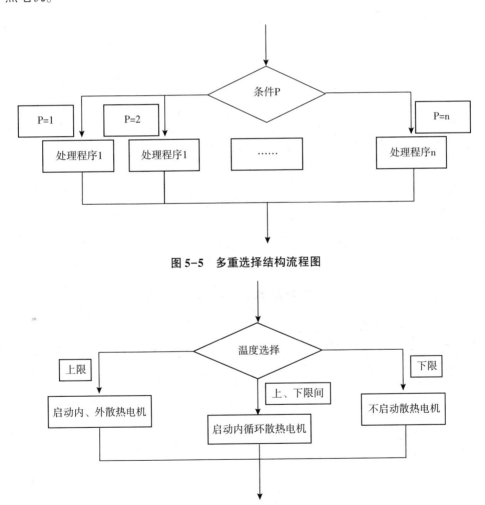

图5-5　多重选择结构流程图

图5-6　发电机散热控制流程图

4. 重复结构

如图 5-7 所示，重复结构就是重复执行处理程序，直到满足某一条件为止，即直到条件变成真为止。

重复结构适用于处理程序依据条件需重复执行的情况，而当停止继续执行的条件成立时，即离开重复执行循环至下一个流程。实例如图 5-8 所示，为偏航系统控制流程图。当风向标仪检测到风向发生变化时，即执行偏航；当偏航角度与风向不一致时，继续执行偏航；当偏航角度与风向一致时，则停止偏航，完成风力发电机组对风。

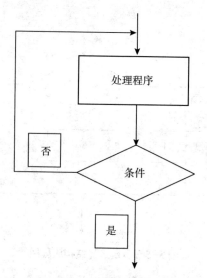

图 5-7 重复结构流程图

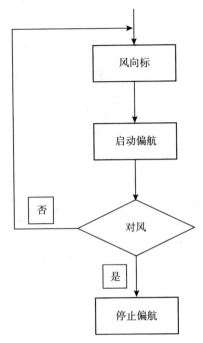

图 5-8　偏航控制流程图

5. 判定结构

如图 5-9 所示，判定结构为在执行处理程序之前，先测试条件是否满足。当条件满足时，则执行处理程序，直至不满足条件时，才不再执行处理程序。

适用于处理程序依据条件需重复执行的情况，而当停止继续执行的条件成立后，即离开重复执行循环至下一个流程。实例如图 5-10 所示，为加热控制流程。当温度低于设定值时，启动加热器，直至温度达到设定值，才执行停止加热。

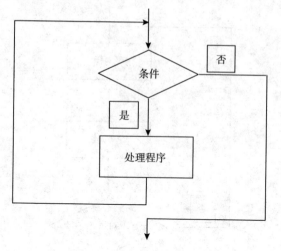

图 5-9　判定结构流程图

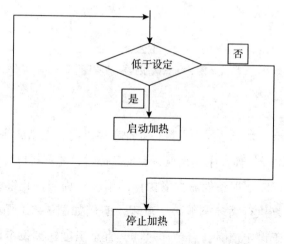

图 5-10　加热控制流程图

（六）流程图绘制原则

绘制流程图时，应遵循以下原则。

（1）流程图分中心主轴及旁支说明，主轴内各流程图应键入文字。各细部流程若需补充说明，应精简条例，以虚线旁支说明。

（2）各项细部流程有办理期期限，应注明。

（3）各项步骤有选择或决策结果，如（可、否）、「通过、不通过」或其他相对文字时，请回馈校正流程是否有遗漏，以避免悬而未决的状况。

（4）注意各流程图动线钩稽的合理性，并考虑是否需建置分表或合成简要总表。分表与总表应以符号、颜色或字段等区隔，使人一目了然。

（5）流程图符号绘制排列顺序，为从上到下，从左到右。

（6）处理程序应以阿拉伯数字，由 1 开始，依处理程序排列顺序编号，并以文字依处理程序功能命名。文字命名部分，以「动词＋受词」及简明扼要叙述为原则。若须表示处理程序的单位，则在编号之后，加上单位名称，如图 5-11 所示。如图处理程序若属并行操作关系，其编号请多加一码并应排列在流程图同一高度。而下一个处理程序编号，则自动增加 1，如图 5-12 所示。

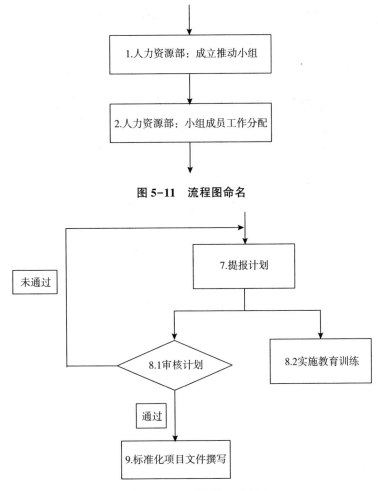

图 5-11 流程图命名

图 5-12 流程图依序编号

（7）处理程序须以单一入口与单一出口特性绘制，如图 5-13 所示。

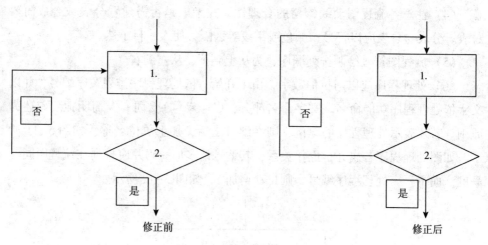

图 5-13　流程图单一出入口特性

（8）流程图一页放不下时，可使用连接符号连接下一页流程图。在同一页流程图中，若流程较复杂，也可使用连接符号来述明流程连接性。连接符号内请以文数字标示，以示区别。

（9）相同流程图符号宜大小一致。

（10）路径符号宜避免互相交叉，如图 5-14 所示。

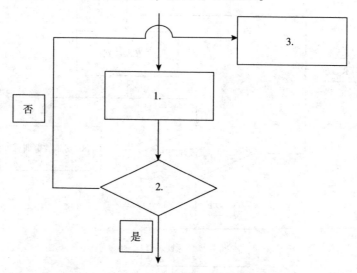

图 5-14　流程图路径交叉处理

（11）同一路径符号的指示箭头应只有一个，如图 5-15 所示。

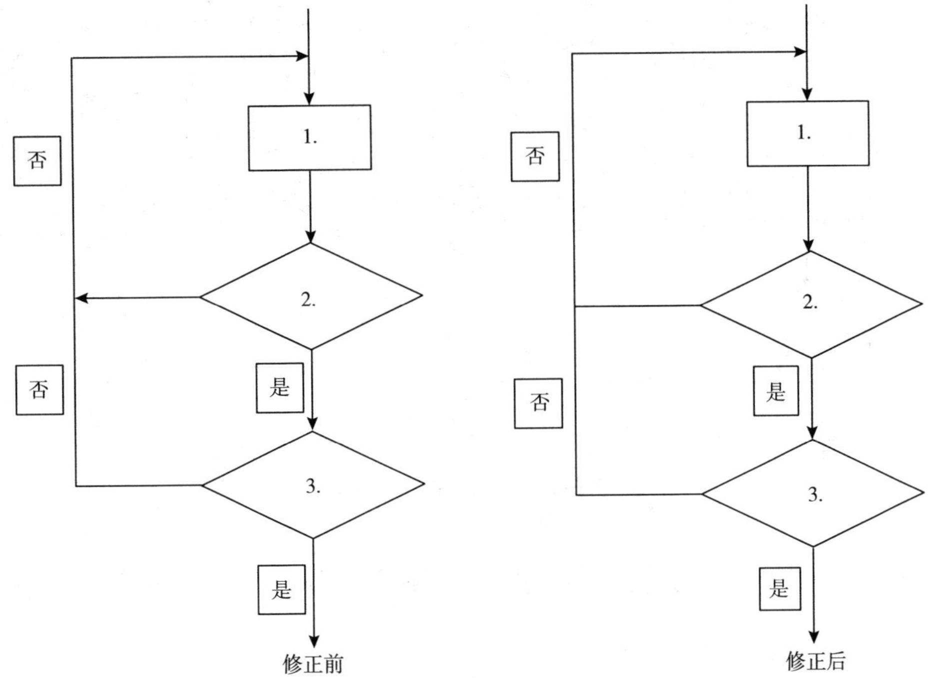

图 5-15　流程图同路径指示箭头

（12）开始符号在流程图中只能出现一次，但结束符号则不限。若流程图能一目了然，则开始符号及结束符号可省略。

（13）选择结构及重复结构或决策条件，文字叙述应简明清晰，路径并加注「是」及「否」或其他相对性文字指示说明。

（14）流程图中若有参考到其他已定义流程，可使用已定义处理程序符号，不必重复绘制。

（15）流程图若一页绘制不下，可以使用阶层性分页绘制方式，并在处理程序编号上表示其阶层性，如图 5-16 所示。

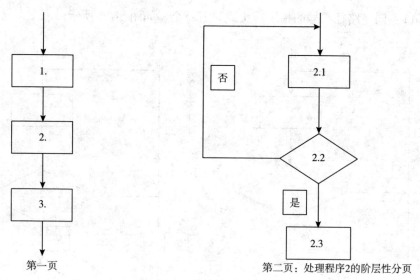

图 5-16　流程图阶层性分页

（七）使用 Microsoft Office Visio 绘制流程图

下面将介绍 Microsoft Office Visio 常用的操作工具。

1. 创建图表

使用模板开始创建 Microsoft Office Visio 图表。模板是一种文件，用于打开包含创建图表所需的形状的一个或多个模具。模板还包含适用于该绘图类型的样式、设置和工具，操作步骤如下。

① 在"文件"菜单上，指向"新建"，然后单击"选择绘图类型"。

② 在"选择绘图类型"窗口的"类别"下，单击"流程图"。

③ 在"模板"下，单击"基本流程图"。

2. 添加形状

通过将"形状"窗口中模具上的形状拖到绘图页上，可以将形状添加到图表中。将流程图形状拖到绘图页上时，可以使用动态网格（将形状拖到绘图页上时显示的虚线）快速将形状与绘图页上的其他形状对齐。也可以使用绘图页上的网格来对齐形状。打印图表时，这两种网格都不会显示。

3. 删除形状

删除形状，只需单击"形状"，然后按键盘 Delete 键。

4. 放大和缩小绘图页

要放大图表中的形状，按下 Ctrl+Shift 键的同时拖动形状周围的选择矩形。当指针将变为一个放大工具，表示可以放大形状；要缩小图表以查看整个图表外观，可将绘图页在窗口中居中，然后按 Ctrl+w 组合键；还可以使用工具栏上的"显示比例"框与"扫视和缩放"窗口来缩放绘图页。

5. 移动一个形状

移动形状，只需单击"任意形状"选择它，然后将它拖到新的位置（单击形状时将显示选择手柄）；还可以单击某个形状，然后按键盘上的"箭头键"来移动该形状。

6. 移动多个形状

要一次移动多个形状，首先选择所有想要移动的形状，使用"指针"工具拖动鼠标。也可以在按下 Shift 键的同时单击各个形状；将"指针"工具放置在任何选定形状的中心，指针下将显示一个四向箭头，表示可以移动这些形状。

7. 调整形状的大小

可以通过拖动形状的角、边或底部选择手柄来调整形状的大小。

8. 向形状添加文本

双击某个形状然后键入文本，Microsoft Office Visio 会放大以便可以看到所键入的文本。

删除文本时，双击形状，然后在文本突出显示后，再按 Delete 键。

9. 添加独立文本

向绘图页添加与任何形状无关的文本，例如标题或列表。这种类型的文本称为"独立文本"或"文本块"，使用"文本"工具只单击并进行键入。

删除文本时单击"文本"，然后按 Delete 键。

10. 移动"独立文本"

可以像移动任何形状那样来移动独立文本，只需拖动即可进行移动。实际上，"独立文本"就像一个没有边框或颜色的形状。

11. 设置文本格式

右击"工具栏"，使用"设置文本格式"工具栏。

12. 使用"连接线"工具连接形状

使用"连接线"工具时，连接线会在你移动其中一个相连形状时自动重排或弯曲。"连接线"工具会使用一个红色框来突出显示连接点，表示可以在该点进行连接。从第一个形状上的连接点处开始，将"连接线"工具拖到第二个形状顶部的连接点上，连接线的端点会变成红色，这是一个重要的视觉提示。如果连接线的某个端点仍为绿色，请使用"指针"工具将该端点连接到形状。如果想要形状保持相连，两个端点都必须为红色。

13. 使用模具中的"连接线"连接形状

拖动"直线-曲线连接线"，并调整其位置。

14. 向"连接线"添加"文本"

可以将文本与连接线一起使用来描述形状之间的关系。向连接线添加文本的方法与向任何形状添加文本的方法相同：只需单击"连接线"并键入"文本"。

下面演示使用 Microsoft Office Visio 绘制流程图的过程。

（1）点击"开始"——→"所有程序"，选择"office"中的"office visio"并打开。见图 5-17。

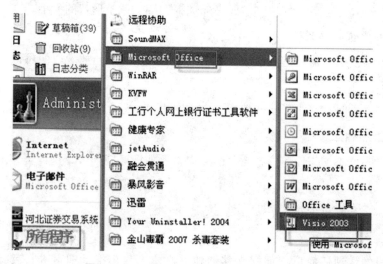

图 5-17 打开 Microsoft Office Visio 软件

（2）点击"文件"——→"新建"——→"流程图"，选择"基本流程图"。见图 5-18。

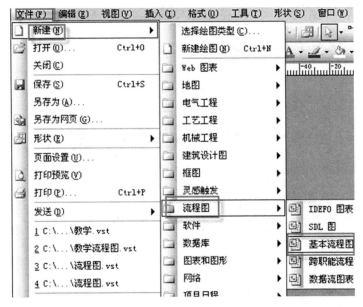

图 5-18 新建流程图

（3）把绘制流程图所需"形状"，拖拽到绘图区。见图 5-19。

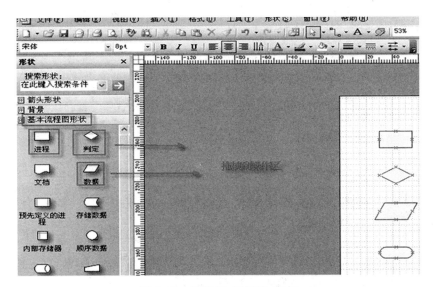

图 5-19 流程图"形状"添加

（4）选择"连接线工具"进行连线绘制。见图5-20。

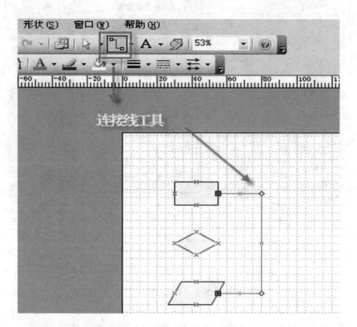

图5-20 流程图连接线绘制

（5）选择箭头方向，绘制"连接线"。见图5-21。

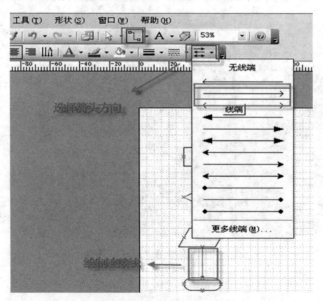

图5-21 流程图箭头绘制

（6）关于自定义形状的制作，比如"教学媒体选择"形状。在工具栏空白处右键选择"绘图"，选择"弧线工具"。见图5-22。

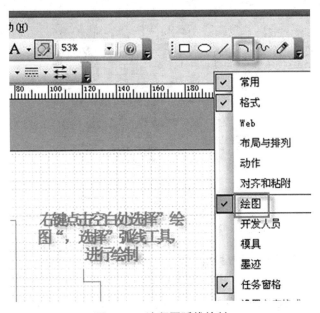

图5-22　流程图弧线绘制

（7）画半圆时，先选择起点画出半个圆弧，然后再画出另半个圆弧，使其刚好对称。见图5-23。

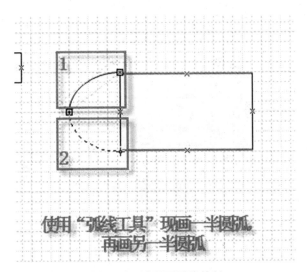

图5-23　流程图弧线绘制

（8）回到"指针"，选中全部图形右键点击"形状"进行"组合"，使这个形状成为一个整体。见图5-24。

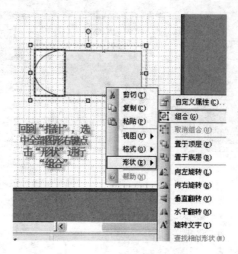

图5-24　流程图"形状"组合

（9）保存自己使用的教学形状。点击"文件"——→"新建"，选择"新建模具"。见图5-25。

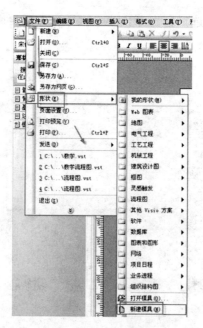

图5-25　保存图形

（10）把新建的模具改名，如更名为："教学模具"。见图5-26。

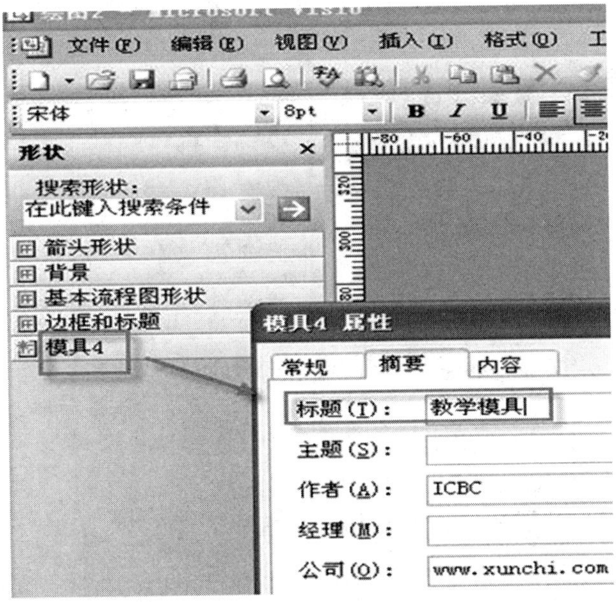

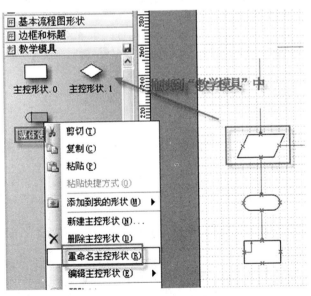

图 5-26 更改模具名称

（11）把"形状"拖拽回到"教学模具"中，并点击右键进行形状命名。见图5-27。

图 5-27 形状重命名

（12）在新建模具"教学模具"的位置点击右键，选择"另存为"——→"我的形状"，注意保存"类型"并改名。见图5-28和图5-29。

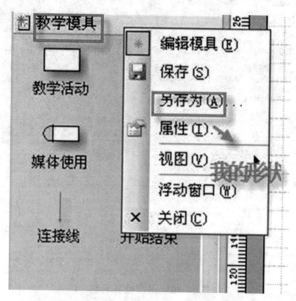

图5-28　流程图形状"另存为"

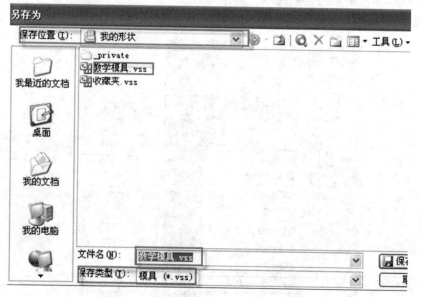

图5-29　流程图形状"另存为"重命名

（13）这个模具在"形状"中的"我的形状"里可以看到，使用起来也很方便。见图5-30。

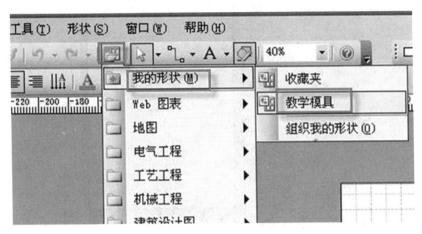

图 5-30　查找已保存模具

（14）全部选中（Ctrl+A），进行复制，然后将其粘贴至 Word 文档中。只要双击就可以在 Word 文档里进行操作。见图5-31和图5-32。

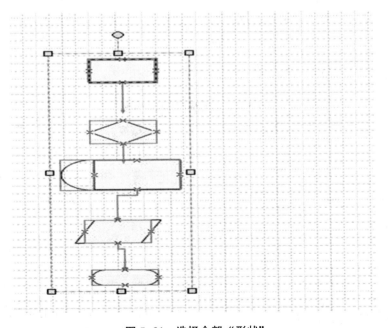

图 5-31　选择全部"形状"

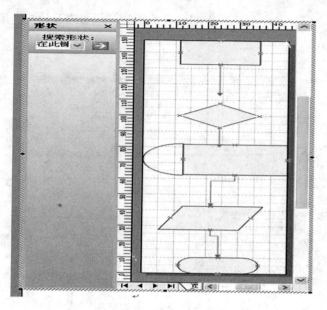

图 5-32　粘贴至 Word 文档

（八）调试流程图绘制

我们以变桨控制系统变桨模式选择调试为例，绘制调试过程流程图。

（1）调试目的。测试在不同手动变桨模式下，变桨控制系统是否按照设定的逻辑执行。

（2）调试难点及应对经验。见表 5-2。

表 5-2　调试难点及应对经验

序号	调试难点	应对经验
1	控制逻辑	掌握变桨控制原理
2	出现故障	需掌握变桨系统常见故障及处理方法
3	操作不被执行	掌握完成操作所满足的条件

（3）调试风险与防范措施。见表 5-3。

表 5-3　调试风险与预防措施

序号	调试风险	防范措施
1	发生超限位，造成设备损坏	调试监护人员必须时刻注意可能发生的异常情况，并及时通知试验操作人员停止操作

续表

序号	调试风险	防范措施
2	电气设备烧毁	在上电前必须检查柜体接线
3	触电	必须保证安全保护接地可靠，穿戴长袖工作服及戴手套

（4）工作流程。变桨系统变桨模式选择调试流程图，见图5-33。

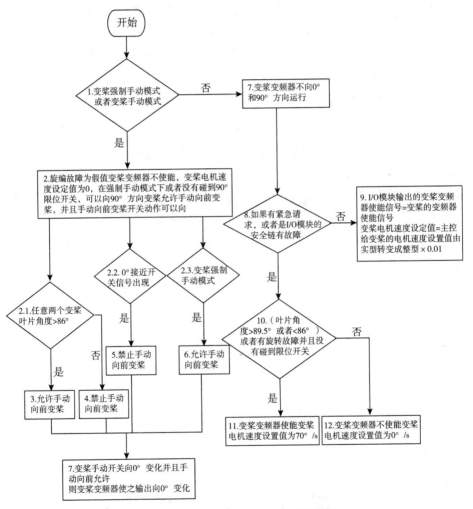

图 5-33 变桨系统变桨模式调试流程图

变桨系统变桨模式选择调试流程说明，见表5-4。

表5-4 变桨系统变桨模式选择调试流程说明

流程编号	输入	操作	输出	备注
1	变桨模式选择测试开始	检查变桨模式是否在强制手动、手动模式下	在强制手动或者手动模式或在自动变桨模式下	
2	在强制手动或手动变桨模式	向90°方向或0°方向变桨	变桨向90°或0°动作	
2.1	变桨角度	检查任意两个变桨角度>86°	任意两个变桨角度>86°或者<86°	
3	任意两个变桨角度>86°	手动向前变桨	变桨向前动作	
4	任意两个变桨角<86°	手动向前变桨	变桨向前不动作	
2.2	在手动变桨模式下0°接近开关信号	检测信号	信号被触发	
5	0°接近开关信号被触发	向前变桨	向前变桨不动作	
2.3	手动变桨模式	检查是否在强制变桨模式下	在强制变桨模式下	
6	在强制变桨模式下	向前变桨	向前变桨动作	
7	不在强制手动或手动变桨模型	向90°或0°方向变桨	变桨不动作	
8	变桨不动作	检查有紧急请求或者是I/O模块的安全链有故障	确定是否有故障	
9	无故障	操作自动变桨	变桨按照主控指令动作	
10	有故障	检查（叶片角度>89.5°或者<86°）或者有旋转故障并且没有碰到限位开关	1. 确认叶片角度是否>89.5°或者<86°） 2. 是否有旋转故障 3. 限位开关是否碰到	

流程编号	输入	操作	输出	备注
11	1. 叶片角度>89.5°或者<86°） 2. 旋转故障	执行紧急停机	变桨速度为 7.0°/s	
12	叶片角度正常，无故障	执行自动变桨	变桨无动作	

至此，一份较完整的调试流程图编制完成。

二、工厂供电的基本知识

（一）工厂供电的意义和要求

电能是现代工业生产和人们生活的主要能源和动力，其主要优势表现如下。

（1）电能既易于与其他形式的能量进行转换。

（2）电能的输送和分配简单经济，控制、调节和测量方便，有利于实现生产过程自动化。

电能在现代工业生产中应用极为广泛。做好工厂供电工作对于发展工业生产和实现工业现代化，都具有十分重要的意义。

工厂供电的概念是指工厂用电设备所需电能的供应和分配，也称工厂配电。

对于工厂供电最基本的要求有以下四点。

安全——在电能的供应、分配和使用中，不应发生人身事故和设备事故。

可靠——应满足电能用户对供电可靠性（即连续供电）的要求。

优质——应满足电能用户对电压和频率等的质量要求。

经济——供电系统的投资要省，运行费用要低，并尽可能地节约电能和有色金属消耗量。

（二）电力系统和发电厂

1. 电力系统

由发电厂的发电机、变压器、输电线路和用电设备，按一定的规律连接而组成一整体，称为电力系统。见图5-34。

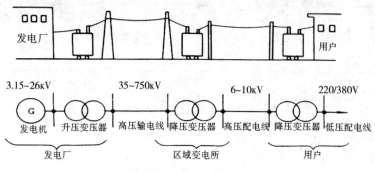

图5-34 电力系统图

电力的输送一般采用高电压或者特高压，用高电压输送电能的原理在于以下方面。

输电要用导线，而导线是有电阻的。如果导线很短，电阻很小可忽略。而远距离输电时，导线很长，电阻较大，就不能忽略。

由焦耳定律 $Q=I^2Rt$，减小发热 Q 有以下三种方法：一是减小输电时间 t，二是减小输电线电阻 R，三是减小输电电流 I。可以看出，第三种办法是很有效的：电流减小 1/2，损失的电能就降为原来的 1/4。要减小电能的损失，必须减小输电电流；另一方面，输电就是要输送电能，只有输送的功率必须足够大，才有实际意义。根据公式 $P=UI$，要使输电电流 I 减小，而输送功率 P 不变（足够大），就必须提高输电电压 U。

显然，高压输送更经济。当用高电压把电能输送到用电区后，需要逐次把电压降低，恢复到正常电压。

在高压输电线路中，往往将各个独立的子输电系统连接起来，组成一张大的电网，建立一个大型电力系统。见图5-35。采用这种方式的优越性主要表现在以下三个方面。

（1）可以更经济、合理地利用动力资源。例如，在有水力资源的地方建设水电站，在有煤炭资源的地方建设坑口火电厂，在有地热资源的地方建设地热发电厂等。这样做都可以大大降低发电成本，减少电能损耗。

（2）可以更好地保证供电质量，满足用户对电源频率和电压等的质量要求。

（3）可以大大提高供电的可靠性，有利于整个国民经济的发展。

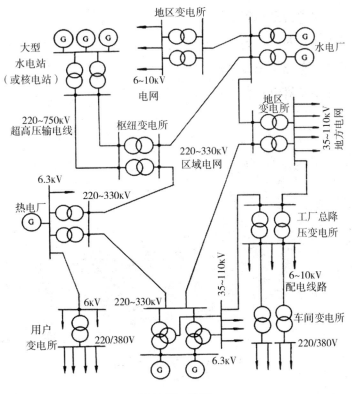

图5-35　电网

2. 发电厂

发电厂又称为发电站，是将自然界蕴藏的各种一次能源转换为电能（二次能源）的工厂。19世纪末，随着电力需求的增长，人们开始提出建立电力生产中心的设想。随着电机制造技术的发展和电能应用范围的扩大，生产对电力的需要也迅速增长，发电厂应运而生。发电厂按其所利用的能源不同，可分为水力发电厂、火力发电厂、核能发电厂、风力发电厂、地热发电厂、太阳能发电厂等多种类型。

水力发电厂是把水的位能和动能转换成电能的工厂。

水力发电厂的基本生产过程是：从河流较高处或水库内引水，利用水的压力或流速冲击水轮机旋转，将水能变成机械能。然后，由水轮机带动发电机旋转，由机械能转换面电能，见图5-36。

水电厂的发电容量 P 与河流上下游的水位差（落差）H 和流量 Q 成正比，可用下式表示：

$$P = 9.81 \ \eta \ Q \ H$$

式中，P 为发电容量-kW；

      Q 为水流量-m^3/s；

      H 为水的落差-m；

      η 为水轮机组的效率。

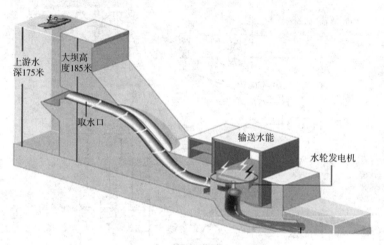

图 5-36　水力发电示意图

火力发电是利用煤、石油或天然气作为燃料生产电能。其生产过程如下图所示。

火力发电厂简称火电厂。建设火电厂与建设同容量的水电站相比，具有建设工期短、工程造价低、投资回收快等优点；但是火电成本高，而且对环境会造成一定的污染，因此火电建设要受到环境的一定制约。

3. 工厂供电系统概况

一般中型工厂的电源进线是 6-10 kV。电能先经高压配电所，由高压配电线路将电能分送至各个车间变电所，见图 5-37。

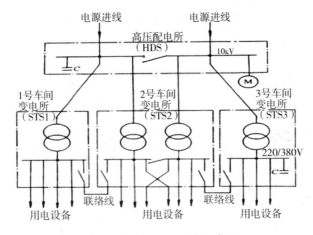

图 5-37　中型工厂供电示意图

对于大型工厂及某些电源进线电压为 35 kV 及以上的中型工厂，通常需要经过两次降压。其中，总降压变电所内装有较大容量的电力变压器，将 35 kV 及以上的电源电压降为 6~10 kV 的配电电压，然后通过 6~10 kV 的高压配电线将电能送到各车间变电所，也有的经过高压配电所再送到车间变电所。车间变电所装有配电变压器，它又将 6~10 kV 降为一般低压用电设备所需的电压 220/380 V，见图 5-38。

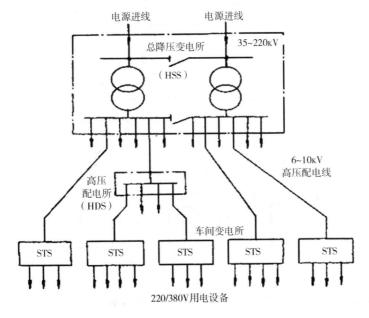

图 5-38　大型工厂供电示意图

对于小型工厂，由于其所需容量一般不大于 1000 kVA，因此通常只设一个降压变电所，将 6-10 kV 电压降为低压用电设备所需的电压，见图 5-39。

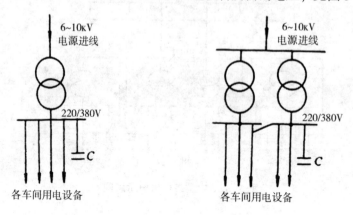

图 5-39　小型工厂供电示意图

如果工厂所需容量不大于 160 kVA 时，可采用低压电源进线，因此工厂只需设一所低压配电间，见图 5-40。

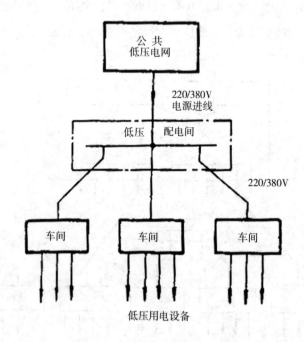

图 5-40　微型工厂供电示意图

对于工厂的重要负荷，一般要求在正常供电电源之外，另设有应急备用电源。最常用的备用电源是柴油发电机组，见图 5-41。

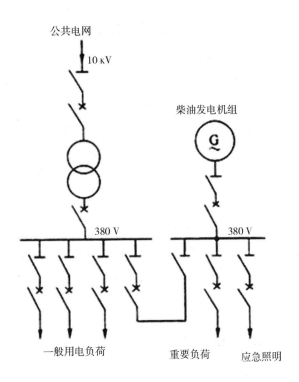

图 5-41　工厂备用电源供电示意图

4. 电压等级和电能质量

电压等级的选择：我国高压电网的额定电压等级有：3 kV、6 kV、10 kV、35 kV、63 kV、110 kV、220 kV、330 kV、500 kV 等。

电力网的额定电压、传输功率和传输距离之间的关系见下表所示。

220 kV 及以上	用于大型电力系统的主干线
110 kV	用于中、小型电力系统的主干线
35 kV	用于大型工业企业内部电力网
10 kV	常用的高压配电电压，当 6 kV 高压用电设备较多时，也可考虑用 6 kV 配电

续表

220 kV 及以上	用于大型电力系统的主干线
3 kV	仅限于工业企业内部采用
380/220 V	工业企业内部的低压配电电压

电能质量是指通过公用电网供给用户端的交流电能的品质。目前，我国的电源额定频率为 50 Hz。对于电网容量 3000 MW 及以上者，允许频率偏差为 ±0.2 Hz；电网容量 3000 MW 以下者，允许频率偏差为 ±0.5 Hz。

电压偏差是指用电设备的实际电压与额定电压之差，用占额定电压的百分数来表示：

$$\Delta U\% = \frac{U - U_N}{U_N} \times 100\%$$

当电压发生偏差时，对用电设备会产生严重的影响。对于白炽灯来说，电压低时，可延长其寿命，但发光效率降低，照度下降；对电动机来说，由于 $U \propto M^2$ 电压低时，转矩将急剧减小，电流增大，使电动机绕组绝缘过热受损，缩短使用寿命。

目前，我国规定的允许的电压偏差为：（1）35 kV 及以上电压供电的用户：±5%；（2）10 kV 及以下高压供电和低压电力用户：±7；（3）低压照明用户：+5%～-10%。

电压的降低对工厂的供电质量和安全生产会造成严重的影响，应采取以下措施才能保障电压的稳定性。

应正确选择变压器的电压分接头或采用有载调压变压器；合理减少系统的阻抗；尽量保持系统三相负荷平衡；改变系统的运行方式；采用无功功率补偿设备等。

合理减少系统的阻抗就是减少系统的变压级数、增大导线电缆的截面或以电缆取代架空线等来减少系统的阻抗，降低电压损耗。

合理改变系统的运行方式就是工作时间内，负荷重，电压往往偏低，因而需要将变压器高压绕组的分接头调在-5%的位置上。夜间负荷轻时，电压就会过高。这时如能切除变压器，改由低压联络线供电，则既能减少这台变压器的电能损耗，又可以投入低压联络线而增加线路的电压损耗，从而降低所出现的过高电压。

两台变压器并列运行的变电所，在负荷轻时切除一台变压器，同样可起到降低过高电压的作用。

（1）电压波动。电压波动产生的原因是由负荷急剧变动引起的。

电压波动是有危害的，它使电动机无法正常启动，引起同步电动机转子振动；使某些电子设备无法正常工作；使照明灯发生明显的闪烁现象等。

电压波动的允许值 10 kV 及以下电网：2.5%；35~110 kV 电网：2%。

抑制电压波动的主要措施有对负荷变动剧烈的大型电气设备，采用专线或专用变压器供电；增大供电容量，减小系统阻抗；增加系统的短路容量或提高供电电压；在电压波动严重时，减少或切除引起电压波动的负荷；对大型冲击性负荷，可装设能吸收冲击无功功率的静止型无功补偿装置（SVC）。

（2）谐波。谐波是指对周期性非正弦交流量进行傅里叶级数分解后所得到的频率为基波频率整数倍的各次分量，通常称为高次谐波。

谐波产生的原因是由于电力系统中存在各种非线性元件。

谐波的危害主要有使变压器和电动机的铁芯损耗增加，引起局部过热，同时振动和噪声增大，缩短使用寿命；使线路的功率损耗和电能损耗增加，并有可能使电力线路出现电压谐振，产生过电压，击穿电气设备的绝缘；使电容器产生过负荷而影响其使用寿命；使继电保护及自动装置产生误动作；使变压器对计算电费用的感应式电能表的计量不准；对附近的通信线路产生信号干扰，使数据传输失真等。

谐波抑制措施有：三相整流变压器采用 Y，d 或 D，y 接线；增加整流器的相数；在谐波源处装设专用滤波器；限制晶闸管整流设备投入电网的容量；在大型整流设备附近装设静止型无功补偿装置等。

（3）三相电压不平衡度。指三相系统中三相电压的不平衡程度，用电压负序分量有效值与正序分量有效值的百分比来表示，即：

$$\varepsilon U\% = \frac{U_2}{U_1} \times 100\%$$

产生三相电压不平衡的原因是三相负荷不对称。

三相电压不平衡的危害主要有：影响变换器及其控制系统的正常工作并改变其设计性能，产生附加的非特征谐波分量；使旋转电机的转子受到反方向的负序旋转磁场的作用，产生双倍频率的附加电流，使电机发热甚至烧毁；使继电保护装置产生误动和拒动。

三相电压不平衡的允许值为电力系统公共连接点：2%；接于公共连接点的用户：1. 3%。

5. 工厂供配电电压的选择

工厂供电电压的选择，主要取决于当地电网的供电电压等级，同时也要考虑工厂用电设备的电压、容量和供电距离等因素。由于在同样的输送功率和输送距离条件下，配电电压越高，线路电流越小，因而线路采用的导线或电缆截面越小，从而可减少线路的初期投资和有色金属的消耗量，且可减少线路的电能损耗和电压损耗。常见线路参数表，见表 5-5。

表 5-5　常见线路参数表

0. 38	架空线	≦100	≦0. 25
0. 38	电缆线	≦175	≦0. 35
6	架空线	≦1000	≦10
6	电缆线	≦3000	≦8
10	架空线	≦2000	6~20
10	架空线	≦5000	≦10
35	架空线	2000-10000	20-30
66	架空线	3500-30000	30-100
110	架空线	10000-50000	50-150
220	架空线	100000-500000	100-300
线路结构	输送功率/kW	输送距离/km	【第一页】 【第二页：处理程序 2 的阶层性分页绘制】

工厂高压配电电压的选择，主要取决于工厂高压用电设备的电压及其容量、数量等因素。

工厂采用的高压配电电压通常为 10 kV。如果工厂拥有相当数量的 6 kV 用电设备，或者供电电源电压就是 6 kV，则可考虑采用 6 kV 电压作为工厂的高压配电电压。

当地的电源电压为 35 kV，而厂区环境条件又允许采用 35 kV 架空线路时，则可考虑采用 35 kV 作为高压配电电压深入工厂各车间负荷中心，并经车间变电所直接降低为低压用电设备所需的电压。这种高压深入负荷中心的直配方式，可以省去一级中间变压，大大简化供电系统接线，节约有色金属，降低电能损耗和电压损耗，提高供电质量，有一定的推广价值。

工厂的低压配电电压，一般采用 220/380 V。其中，线电压 380 V 接三相动力设备和 380 V 的单相设备，相电压 220 V 接一般照明灯具和其他 220 V 的单相设备。

但是某些场合宜采用 660 V 甚至更高的 1140 V 作为低压配电电压。比如在矿井下采用 660 V 或 1140 V 配电，较之采用 380 V 配电，不仅可以减少线路的电压损耗，提高负荷端的电压水平，而且还能减少线路的电能损耗，减少有色金属消耗量和初投资，增大配电范围，提高供电能力，减少变电点，简化供电系统。

6. 电力系统中性点运行方式及低压配电系统接地型式

中性点的运行方式主要有不接地（见图 5-42）、经消弧线圈接地（见图 5-43）和直接接地（见图 5-44）。其中，不接地和经消弧线圈接地属于小电流接地系统，适用于 3~63 kV 电力系统；直接接地属于大电流接地系统，适用于 110 kV 以上或 380 V/220 V 电力系统。

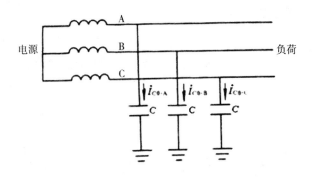

图 5-42　中性点不接地的电力系统示意图

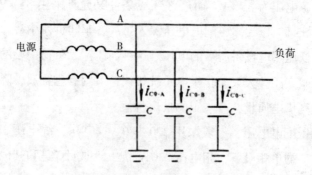

图 5-43　中性点经消弧线圈接地的电力系统示意图

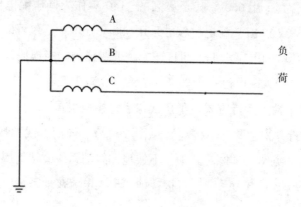

图 5-44　中性点直接接地的电力系统示意图

7. 低压配电系统的接地型式

我国的 220/380 V 低压配电系统，广泛采用中性点直接接地的运行方式。

（1）中性线（N 线）。其功能一是用来连接额定电压为系统相电压的单相用电设备；二是用来传导三相系统中的不平衡电流和单相电流；三是减小负荷中性点的电位偏移。

（2）保护线（PE 线）。它是为保障人身安全、防止发生触电事故用的接地线。系统中所有电气设备的外露可导电部分（指正常时不带电但故障情况下可能带电的易被人身接触的导电部分，如金属外壳、金属构架等）通过 PE 线接地，可在设备发生接地故障时减少触电危险。

（3）保护中性线（PEN 线）。它兼有 N 线和 PE 线的功能。这种 PEN 线，我国过去习惯称之为"零线"。

低压配电系统，按其保护接地型式分为 TN 系统、TT 系统和 IT 系统。

（1）TN 系统。在 TN 系统中，电源中性点直接接地，其中所有设备的外露可导电部分均接公共保护接地线（PE 线）或公共保护中性线（PEN 线）。这种接公共 PE 线或 PEN 线的方式，通称为"接零"。TN 系统又分为 TN-C 系统、TN-S 系统和N-C-S系统三种型式，见图 5-45 所示。

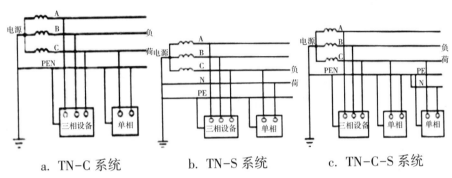

a. TN-C 系统   b. TN-S 系统   c. TN-C-S 系统

图 5-45 低压配电的 TN 系统示意图

（2）TT 系统。TT 系统的所有设备外露可导电部分均各自经 PE 线单独接地，此系统适用于安全要求及抗电磁干扰要求较高的场所。国外这种系统应用得比较普遍，现在我国也开始推广应用，见图 5-46。

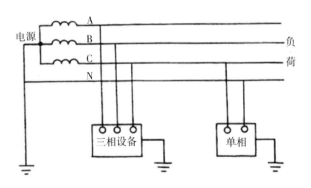

图 5-46 低压配电的 TT 系统示意图

（3）IT 系统。其电源中性点不接地或经约 1000 Ω 阻抗接地。其中，所有设备的外露可导电部分也都各自经 PE 线单独接地，见图 5-47。该系统主要用于对连续供电要求较高，以及有易燃、易爆危险的场所，如矿山、井下等地。

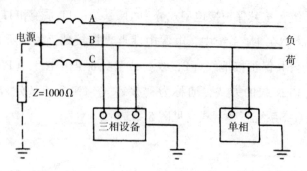

图 5-47 低压配电的 IT 系统示意图

第二节 电气装配质量检查

一、电气接线工艺检查

（一）预绝缘端子压接检查

1. 线芯与端头配合

（1）环形预绝缘端头与导线的冷压接尺寸，见图 5-48。

（2）管形预绝缘端头与导线的冷压后尺寸，见图 5-49。

（3）环形裸头与导线的冷压后尺寸，见图 5-50。

（4）触针式端头与导线冷压接后的尺寸，见图 5-51。

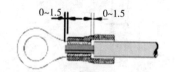

图 5-48 环形预绝缘端子压接尺寸

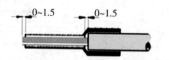

图 5-49 管形预绝缘端子压接尺寸

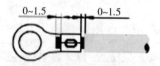

图 5-50 环形裸头预绝缘端子压接尺寸

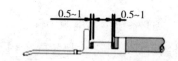

图 5-51 针式预绝缘端子压接尺寸

2. 端头使用工艺要求

（1）端子的接线均应采用冷压接端头，线芯直接接于电气接线端子，并且只有该接线端子适应于这种方法才能允许。

（2）预绝缘端头压接后，绝缘部分不能出现破损或开裂。

（3）导线线芯插入冷压接端头后，不能有未插入的线芯或者线芯露出端子管外部以及绞线的现象，更不能剪断线芯。

（4）冷压接端头的规格必须与所接入的导线直径相吻合，导线与冷压接端头的符合规定。

（5）剥去导线绝缘层后，应尽快与冷压接端头压接，避免线芯产生氧化膜或粘有油污。

（6）压接后的导线与端头的抗拉强度应不低于导体本身抗拉强度的60%。不同端头与导线压接拉力负荷，见表5-6。

表5-6　不同端头与导线压接拉力负荷表

端头规格	与端头配合的导线截面积（mm²）	拉力负荷值，N	
		预绝缘端头	裸端头
0.5	0.5	60	75
1.0	0.75	90	120
	1	100	160
	1.5	140	220
	2.5	190	320
	4	275	500
	6	360	650

（二）线缆铺设要求

（1）线缆的排布应尽量减少弯曲和弧形，不允许弯成直角，线缆的余量应平均分布在整个走线过程中，不能留在一端卷成一团。

（2）在一般情况下，每一个端子节点最多接两根导线，导线中间不允许有焊接或者铰接。有特殊要求的应根据具体要求实施。

（3）用尼龙捆扎带捆扎线束时，线节要均匀，捆扎不可过紧，以免损伤导线绝缘；线束弯曲时，其弯曲半径应大于线束外径2倍以上，整个线束应具有柔性。扎带的捆扎要求如下。

• 线缆应理顺平直，线缆清晰分明；捆扎于内的导线不得交叉、损伤、扭结和中间接点。

• 导线总线束、各分支线束（包括横向和纵向敷设），其扎带间距为50-60 mm。

• 剪去过长的扎带并与扎带头基本平齐，扎带头方向一致，并应尽可能隐藏或朝向内侧。

• 导线束的弯曲处或分支导线的弯曲处，应在紧靠的直线段分别用扎带捆扎。

（4）线束不能紧贴金属物体，需要小吸盘或防护管将线束和金属物隔离开。

（5）连接柜门与柜内的线束要用波纹管或者专用材料加以防护，过门线长度以在柜门关闭时不挤压相邻元器件以及行线槽为宜。

（6）对于加热器端子接线，必须使用裸行端头和耐高温导线。如果使用一般导线，必须将导线绝缘层从接线处开始剥除100 mm左右，外套高温套管或其他耐高温材料；加热器的线号标记管和标记签应远离加热器150 mm以上。

（7）线缆不能悬空布置，不能承受外在的机械应力；线缆敷设应有适当的固定，固定应从距离起始弯曲10 mm处开始，对于垂直布置的线缆，其固定间距为200 mm；对于水平布置的线缆，其固定间距为150 mm。固定方法有扎带捆扎和绝缘线夹，采用线夹固定时，拧紧力要适度，以防止导线绝缘层被损伤。

（8）所有不接线的端子接点，必须将接线螺钉紧固，防止运输时脱落。

（9）端子排电线连接方法是在压接后的连接器插脚插入端子排时，将连接器插脚对准端子排的凹凸面插入，再用专用起子拧紧。

（10）标记管的安装方向应按照图5-52所示的标准方向安装。

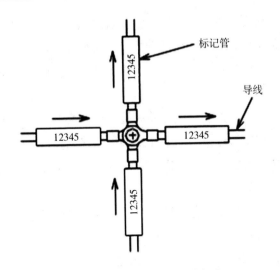

图 5-52　标记管安装标准

（11）号码管的位置与排列。

当导线在电器端子单个独立接线时，标记套管应紧靠接线端子一侧。

当导线在端子排或电器元件上成排列接线时，当端子排或电器元件大小一致，标记套管应紧靠接线端子侧；当端子排或电器元件大小不一致，排列参差不齐时，标记套管应相互对齐、成行排列。

（12）一般的走线方法。

● 主线束不能在元器件面上通过，分线束也尽量在元器件周围接线。

● 线束尽量靠近元器件（除发热元器件之外）。

● 线缆应尽量用圆弧接线的方式，但线要弯的圆顺，不能有角。

● 圆弧不要太大，第一接点的圆弧尽量不超过第二个接点（除间距特别小之外）一般在第二个接点的 2/3 处。柜内各种继电器的接线圆势力求一致。

● 在元器件高低不一的情况下，以多数元器件为基准面，分层次走线。

（13）线缆弯角时不能用钳子，尤其是单股线缆不能在同一处多弯。

（14）线缆在穿越金属板孔时，必须在金属孔上套上大小相应的橡皮圈。

（15）行线的美观要求：角挺、平、直、齐。

（16）铺设一次线的要求。

● 根据元器件的额定电流，选择一次线的线径，并根据环境温度加一定的安全系数。

- 为了维修方便和便于散热，线束不宜扎得过粗，导线多时可分路布线。
- 用冷轧钳压制铜接头时，要线径选择冷轧钳槽口，压制时用力要恰当，不得压得过紧，以免损坏铜端头。更不能产生端头与线缆之间的滑动及线缆压接部位断裂或拔出。
- 如果元器件，如刀开关、空气开关等接线柱上要接三根以上的线缆时，必须要用打有多孔的铜排作为过桥，一个孔最多可以接四根线缆。
- 当同一个接线柱上要同时接一次和二次线时，应把二次线放在一次线铜端头上面，保证主回路接触紧密可靠。
- 压有铜端头的一次线要套上与导线线径相符的热缩管。
- 接一次线要考虑铜端头间的距离和相位。

（17）在线缆与元器件采用焊接时，采用松香芯焊锡丝和中性焊剂。焊点必须光滑牢固，焊后用酒精擦拭去焊渣，焊点应避免假焊或虚焊，元件接点间隙近时，先焊好后再套上绝缘套管。

（18）同一批、同规格的产品，其线路布置和布线形式应一致。

（19）电气间隙和爬电距离：装置内不同相、不同极的裸露带电体之间，以及它们与未经绝缘的金属构件之间的电气间隙与爬电距离应不得小于表5-7。

表5-7　电气间隙与爬电距离对照表

额定电压（V）	电气间隙		爬电距离	
	额定工作电流		额定工作电流	
	≤63 A	>63 A	≤63 A	>63 A
Ui≤60	3	5	3	5
60<ui≤300	5	6	6	8
300<ui≤600	10	12	12	14

（20）布线工作结束后，应按接线图或原理图进行自检。

（21）注意周围环境和生产现场的形象，在工作完毕后做好清理和清洁工作。

（三）检查

（1）配线应一致、整齐、美观，线缆绝缘良好无损坏。

（2）查看图纸和各元器件接线线路是否正确，是否根据图纸需要选择电缆，铜接头尺寸是否与导线截面及孔眼相匹配。

（3）接线头螺钉、冷压铜接头是否有松动现象，线缆的塑胶部分与铜接头是否靠近。线缆的压接部分长度和压接端头应达到基本一致，剥线钳剥去外套绝缘后，不得有碰伤线缆和断股现象。

（4）所有线路要平、直、齐、牢。

（5）所有元器件不接线的端子是否配齐螺丝或螺母、垫圈等。

二、主断路器电气图纸

风力发电机组的主断路器是连通和分断网侧电源的总开关，是发电机电源向网侧送电的"闸门"。它由有灭弧和传动控制两部分构成，分别组装在铝底板的上、下两侧。上侧有灭弧室、并联电阻、支持瓷瓶、转动瓷瓶、隔离开关闸刀；下侧有储气缸、主阀、启动阀、合闸电磁铁、分闸电磁铁、延时阀、传动气缸、定位机构、辅助开关联锁等，如图 5-53 所示为风力发电机组常用主断路器。

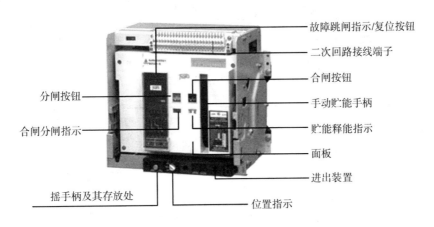

图 5-53　主断路器示意图

主断路器的工作原理是：在电磁铁未通电时，压缩空气进入启动阀和主阀的空腔。合闸时，合闸电磁铁动作，压缩空气由启动阀的合闸阀进入传动气缸，使活塞向左移经杠杆推动转动瓷瓶旋转，隔离开关闸刀转到合闸位，辅助开关联锁触头立即将合闸电磁铁电源切断。分闸时，分闸电磁铁动作，压缩空气由主阀空腔经启动阀排向大气；在储气缸压缩空气作用下主阀活塞右移，压缩空气经主阀、支持瓷瓶的空腔进入灭弧室，推开动触头使主断路器处于断开状态；压缩空气随即进入动触头喷口，将电弧熄灭，并经外罩排气口排向大气。进入主阀的压缩空气，同时经延时阀进入传动气缸，使活塞向右移，从而推动转动瓷瓶旋转，隔离开关闸刀打开，辅助开关联锁触头立即将分闸电磁铁电源切断。

如图 5-54、图 5-55、图 5-56 所示，为风力发电机组主断路器电气原理图。

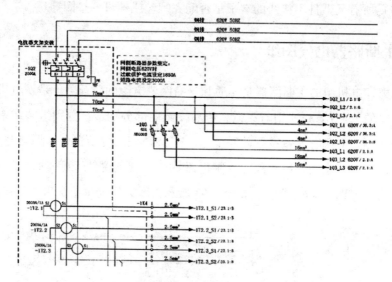

图 5-54　主断路器电气原理图一

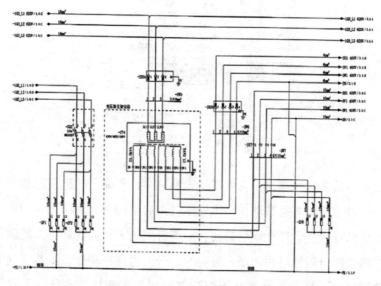

图 5-55　主断路器电气原理图二

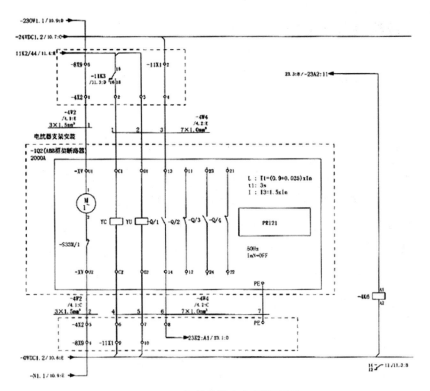

图 5-56　主断路器电气原理图三

下面我们对主断路器原理图进行分析。

（1）网侧电源通过电源检测传感器 1T2.1/1T2.2/1T2.3 接入到主断路器 1Q2。

（2）在接入 1Q2 之前，网侧电源引出两条分支电路分别到防雷保护模块和 1Q3。

（3）从 1Q2 的上端口的引线分别到铜排和 1Q7。

（4）从图 5-55 可知，1Q3 为变压器 2T4 的供电控制开关，通过变压器 2T4 将网侧 620 V 电压降低至 380 V 电压后分别向主控柜和机舱柜供电。

（5）图 5-56 所示为主断路器内部电气原理图，从图中可知，储能电机 M 的供电电压为 230 V。当主断路器控制继电器 11K3 吸合时，主断路器电磁线圈得点，主断路器闭合，同时 Q1 输出吸合信号。

三、旋转编码器基本知识

（一）工作原理

1. 光电编码器的工作原理

光电编码器，是一种通过光电转换将输出轴上的机械几何位移量转换成脉冲或数字量的传感器。它是目前应用最多的传感器。光电编码器是由光栅盘和光电检测装置组成。光栅盘是在一定直径的圆板上等分地开通若干个长方形孔。由于光电码盘与电动机同轴，当电动机旋转时，光栅盘与电动机同速旋转，经发光二极管等电子元件组成的检测装置检测输出若干脉冲信号。通过计算每秒光电编码器输出脉冲的个数就能反映当前电动机的转速。此外，为判断旋转方向，码盘还可提供相位相差90°的两路脉冲信号，见图5-57。

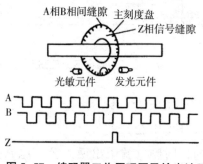

图5-57　编码器工作原理图及输出波形

2. 编码器的分类

根据检测原理，编码器可分为光学式、磁式、感应式和电容式。根据其刻度方法及信号输出形式，可分为增量式、绝对式以及混合式三种。

增量式编码器。增量式编码器是直接利用光电转换原理输出三组方波脉冲A、B和Z相；A、B两组脉冲相位差90°，从而可方便地判断出旋转方向，而Z相为每转一个脉冲，用于基准点定位。它的优点是原理构造简单，机械平均寿命可在几万小时以上，抗干扰能力强，可靠性高，适合于长距离传输。其缺点是无法输出轴转动的绝对位置信息。

绝对式编码器。绝对式编码器是直接输出数字的传感器，在它的圆形码盘上沿径向有若干同心码盘，每条道上有透光和不透光的扇形区相间组成。相邻码道的扇区树木是双倍关系，码盘上的码道数是它的二进制数码的位数，在码盘的一侧是光源，另一侧对应每一码道有一光敏元件，当码盘处于不同位置时，各光敏元件根据受光照与否转换出相应的电平信号，形成二进制数。这种编码器的特点是不要计数器，在转轴的任意位置都可读书一个固定的与位置相对应的数字码。显然，码道必须有 N 条码道。目前国内已有 16 位的绝对编码器产品。

混合式绝对编码器。混合式绝对编码器输出两组信息，一组信息用于检测磁极位置，带有绝对信息功能；另一组则完全同增量式编码器的输出信息。

3. 光电编码器的应用

（1）角度测量。

汽车驾驶模拟器，对方向盘旋转角度的测量选用光电编码器作为传感器。重力测量仪采用光电编码器，把它的转轴与重力测量仪中补偿旋钮轴相连；扭转角度仪，利用编码器测量扭转角度变化，如扭转实验机、渔竿扭转钓性测试等；摆锤冲击实验机，利用编码器计算冲击是摆角变化。

（2）长度测量。

① 计米器，利用滚轮周长来测量物体的长度和距离。

② 拉线位移传感器，利用收卷轮周长计量物体长度距离。

③ 联轴直测，与驱动直线位移的动力装置的主轴联轴，通过输出脉冲数计量。

④ 介质检测，在直齿条、转动链条的链轮、同步带轮等来传递直线位移的信息。

（3）速度测量。

① 线速度，通过跟仪表连接，测量生产线的线速度。

② 角速度，通过编码器测量电机、转轴等的速度测量。

（4）位置测量。

① 在机床方面，记忆机床各个坐标点的坐标位置，如钻床等。

② 在自动化控制方面，控制在不同位置进行指定动作。如电梯、提升机等。

（5）同步控制。

通过角速度或线速度，对传动环节进行同步控制，以达到张力控制。

（二）旋转编码器的安装

1. 安装注意事项

安装时不要给轴施加直接的冲击。

编码器轴与机器的连接，应使用柔性连接器。在轴上装连接器时，不要硬压入。即使使用连接器，因安装不良，也有可能给轴加上比允许负荷还大的负荷，或造成拨芯现象。因此，要特别注意。

轴承寿命与使用条件有关，受轴承荷重的影响特别大。如轴承负荷比规定荷重小，可大大延长轴承寿命。

不要将旋转编码器进行拆解，这样做将有损防油和防滴性能。防滴型产品不宜长期浸在水、油中，编码器表面有水和油时应擦拭干净。

2. 振动

加在旋转编码器上的振动，往往会成为误脉冲发生的原因。因此，应对设置场所、安装场所都加以注意。每转发生的脉冲数越多，旋转槽圆盘的槽孔间隔就越窄，就越容易受到振动的影响。在低速旋转或停止时，加在轴或本体上的振动使旋转槽圆盘抖动，可能会发生误脉冲。

3. 关于配线和连接

误配线可能会损坏内部回路，故在配线时应充分注意以下六点。

（1）配线应在电源 OFF 状态下进行，电源接通时，若输出线接触电源，则有时会损坏输出回路。

（2）若配线错误，则有时会损坏内部回路，所以配线时应充分注意电源的极性等。

（3）若和高压线、动力线并行配线，则有时会受到感应造成误动作而致损坏，所以要分离开另行配线。

（4）延长电线时，应在 10 m 以下。并且由于电线的分布容量，波形的上升、下降时间会较长。有问题时，采用施密特回路等对波形进行整形。

（5）为了避免感应噪声等，要尽量用最短距离配线。向集成电路输入时，特别需要注意。

（6）电线延长时，因为受到导体电阻及线间电容的影响，以及波形的上升或下降的时间加长，容易产生信号间的干扰（串音），因此应用电阻小、线间电容低的电线（双绞线、屏蔽线）；对于 HTL 的带有对称负信号输出的编码器，信号传输距离可达 300 m。

（三）旋转编码器在工业上的应用

1. 概述

在工业控制领域，编码器以其高精度、高分辨率和高可靠性而被广泛地用于各种位移测量。

目前，应用最广泛的是利用光电转换原理构成的非接触式光电编码器。光电编码器是一种集光、机、电为一体的数字检测装置。作为一次光电传感检测元件的光电编码器，具有精度高、响应快、抗干扰能力强、性能稳定可靠等显著的优点。按结构形式可分为直线式编码器和旋转式编码器两种类型。

旋转编码器的基本原理：主轴与两块圆光栅盘相连，光射入并通过该光栅时，分别用两个光栅面感光。由于两个感光面具有 90° 的相位差。因此将该输出输入数字加减计算器，就能以分度值来表示角度。

旋转编码器主要由光栅、光源、检读器、信号转换电路、机械传动等部分组成。从光电编码器的输出信号种类来划分，可分为增量式和绝对值式两大类，其中绝对值式又分为单圈和多圈两种。

2. 发展历程

（1）从接近开关与光电开关到旋转编码器。工业控制中的定位，接近开关、光电开关的应用已经相当成熟了，而且很好用。但是，随着工业控制技术的不断发展，其对精确定位的要求越来越高，选用旋转编码器的应用优点也就更加突出了。

①信息化。除了定位，控制室还知道被控器件的具体位置。

②柔性化。定位可以在控制室柔性调整。

③现场安装方便、安全。拳头大小的一个旋转编码器，可以测量从几个微米

到几百米的距离，多个工位。只要解决旋转编码器的安全安装问题，就可以避免诸多接近开关、光电开关在现场机械安装麻烦和容易被撞坏，以及遭高温、水气困扰等问题。由于是光电码盘，无机械损耗，因此只要安装位置准确，其使用寿命往往会很长。

④多功能化。除了定位，还可以远传当前位置，换算运动速度，对于变频器、步进电机等的应用尤为重要。

⑤经济化。对于多个控制工位，只需一个旋转编码器的成本，安装、维护、损耗成本降低，使用寿命延长，其经济化逐渐凸显出来。

（2）从增量式编码器到绝对式编码器。旋转增量式编码器转动时输出脉冲，通过计数设备来知道其位置。当编码器不动或停电时，依靠计数设备的内部记忆来记住位置。这样，当停电后，编码器不能有任何的移动；当来电工作时，在编码器输出脉冲的过程中，也不能有干扰而丢失脉冲，不然，计数设备记忆的零点就会偏移。而且这种偏移的量是无从知道的，只有错误的生产结果出现后才能知道。

解决的方法是增加参考点，编码器每经过参考点，将参考位置修正进计数设备的记忆位置。

在参考点以前，是不能保证位置的准确性的。为此，在工业控制中就有每次操作先找参考点，开机找零等方法。比如，打印机和扫描仪的定位使用的正是增量式编码器原理，每次开机，都能听到噼里啪啦的一阵响，那是它在找参考零点，然后才开始工作。这样的方法对有些工业控制项目比较麻烦，甚至不允许开机找零（即开机后就要知道准确位置），于是就出现了绝对编码器。

绝对编码器光码盘上有许多道刻线，每道刻线依次以 2 线、4 线、8 线、16 线等编排，这样在编码器的每一个位置，通过读取每道刻线的通暗，获得一组从 2^0-2^{n-1} 的唯一的 2 进制编码（格雷码），他被称为绝对编码器。这样的编码器是由码盘的机械位置决定的，它不受停电、干扰的影响。

绝对编码器由机械位置决定的每个位置的唯一性，它无须记忆，无须找参考点，而且不用一直计数，什么时候需要知道位置，什么时候就去读取它的位置。这样，编码器的抗干扰特性、数据的可靠性都大大提高了。由于绝对编码器在定位方面明显地优于增量式编码器，因此它已经越来越多地被应用于工业控制定位中。

（3）从单圈绝对式编码器到多圈绝对式编码器。旋转单圈绝对式编码器，以转动中测量光码盘各道刻线，以获取唯一的编码。当转动超过360°时，编码又回到原点，这样就不符合绝对编码唯一的原则，这样的编码器只能用于旋转范围360°以内的测量，称为单圈绝对式编码器。

如果要测量旋转超过360°范围，就要用到多圈绝对式编码器。编码器生产厂家运用钟表齿轮机械的原理，当中心码盘旋转时，通过齿轮传动另一组码盘（或多组齿轮，多组码盘），在单圈编码的基础上再增加圈数的编码，以扩大编码器的测量范围，这样的绝对编码器就称为"多圈式绝对编码器"。它同样是由机械位置确定编码，每个位置编码唯一不重复，而无须记忆。另一个优点是，由于测量范围大，实际使用往往富裕较多，这样在安装时无需费劲找零点，将某一中间位置作为起始点就可以了，从而大大简化了安装调试的难度。

多圈式绝对编码器在长度定位方面的优势明显，已经越来越多地应用于工业控制定位中。

编码器信号输出有并行输出、串行输出、总线型输出、变送一体型输出等输出形式。

3. 信号输出

（1）并行输出。对于绝对编码器，信号并行输出是时间上数据同时发出；空间上，每个位数的数据各占用一根线缆。对于位数不高的绝对编码器，一般就直接以此形式输出数码，可直接进入 PLC 或上位机的 I/O 接口。

这种方式输出即时，连接简单。但是，对于位数较多的绝对编码器，有许多芯电缆，由此带来工程难度和诸多不便、降低了可靠性。因此，在绝对编码器多位数输出一般不采用并行输出型，而是选用串行输出或总线型输出。

（2）串行输出。串行输出是时间上数据按照约定，有先后输出；空间上，所有位数的数据都在一组电缆上（先后）发出。这种约定称为"通信协议"，其连接的物理形式有 RS232、RS422（TTL）、RS485 等。串行输出连接线少，传输距离远，可靠性就大大提高了，但传输速度比并行输出慢。

（3）现场总线型输出。现场总线型编码器是多个编码器各以一对信号线连接在一起，通过设定地址，用通讯方式传输信号。信号的接收设备只需一个接口，就可以读多个编码器信号。常用总线型编码器有 PROFIBUS-DP、CAN、DeviceNet、Interbus 等。总线型编码器可以节省连接线缆、接收设备接口，传输距离远，在多个编码器集中控制的情况下还可以大大节省成本。

（4）变送一体型输出。信号已经在编码器内换算后直接变送输出，其有模拟量 4-20 mA 输出、RS485 数字输出、USB 输出和 14 位并行输出。

（四）工业控制中的应用

光电旋转编码器结构简单，广泛应用于高精度角度、位移检测系统中，例如数控机床等。

1. 脉冲盘式角度—数字编码器

在一个圆盘的边缘上开有相等角距的缝隙（分成透明和不透明两部分），在开缝圆盘两边分别安装光源及光敏元件，当圆盘随工作轴一起转动时，每转过一个续隙就发生一次光线的明暗变化，经过光敏元件就产生一次电信号的变化，经整形、放大，就可以得到一定幅值和功率的电脉冲信号，脉冲数等于转过的缝隙数，将上述信号送到计数器，则计数码就反映了圆盘的转角。为了判断旋转方向，可以采用两套光电装置，它们在空间的相对位置有一定的关系，保证它们产生的信号在相位上相差 1/4 周期。正转时光敏元件 2 比光敏元件 1 先感光，此时与门 DA_1 有输出，将加减控制触发器置"1"，使可逆计数器的加法母线为高电位，同时 DA_1 的输出脉冲又经或门达到可逆计数器的计数输入端，计数器进行加法计数。反转时则光敏元件 1 比元件 2 先感光，计数器进行减法计数，这样就可以识别旋转方向，自动进行加减法计数。由于它每次反映的都是相对于上次角度的增量，所以这种测量属于增量法。

2. 光电式角度—数字编码器

码盘式角度-数字编码器是按角度直接进行编码的传感器。按码盘结构可分为接触式、光电式和电磁式。无论哪种型式，码盘的结构原理是相同的。

（1）码盘的结构和工作原理。接触式四位二进制码盘，涂黑部分是导电区。所有导电部分连在一起接高电位。空白部分为绝缘区。在每圈码道上都有一个电刷，电刷经电阻接地。当码盘与轴一起旋转时，申刷上将出现相应的电位，对应一定的数码。若采用 n 位码盘，则能分辨的角度 α 为 $360°/2^n$。位数 n 越大，能分辨的角度越小，测量也越精确。

二进制码盘很简单，但在实际应用时对码盘的制作和安装要求十分严格，否则极易出错。采用工艺上或电路方法可消除误差，但十分复杂，因此很少采用。应用广泛的是采用循环码取代二进制码。循环码的特点是相邻两个数码间只有一位是变化的，因此即使制作和安装不到位，产生的误差最多也只是一位。

（2）光电式角度—数字编码器。光电式角度—数字编码器包括光源、光学系统、码盘、读出系统和电路系统。编码器的精度主要由码盘的精度所决定，目前的分辨度可以达到 0.15″，径向线宽度为 0.067 rad·s。通常，码盘是用玻璃制成的，码盘上有代表数码的透明和不透明的图形，这些图形是采用照相制版及真空镀膜工艺制成的。码盘的透明和不透明图形必须清晰，边缘必须光滑，以减少光电元件在电乎转换时产生的过渡噪声。

为了提高编码器的分辨率，在光电式角度数字编码器中采用了二进制码盘、脉冲增量式码盘再加细分电路构成的高位数绝对式角度数字编码器。例如，有 $1/2^{19}$ 分辨率的编码器，它的码盘内层有 14 条码道，通过光学系统产生 14 位二进制数字输出码，外层码道有两路增量脉冲光学系统，产生一个正弦杨出和余弦输出，使编码器的分辨率从 $1/2^{14}$ 提高到 $1/2^{19}$，相当于 0.2 rad·s。

光电旋转编码器以其高精度、高分辨力、高频响以及体积小、重量轻、结构简单、可实现数字量输出等综合技术优势，在现代精密测量与控制设备中得到了广泛应用，是工业控制中比较理想的位移、角度传感器。随着光电科学的发展，采用新原理、应用新技术的各类新型光电轴角编码器将会不断出现，并向着小型化、智能化和集成化的方向发展，以满足各个领域、多种应用场合的需要。

第三节　调试前的安全要求

一、发电机调试安全要求

1. 通用要求

（1）员工必须遵守公司和总装厂的各项规章制度。

（2）员工作业前必须按要求穿戴与岗位相适应的工作服、劳保鞋和安全帽等劳动防护用品。

（3）作业员工必须具有国家中级（含）以上电工资格证书。

（4）非作业员工不得擅自进入试验区域。

（5）试验区域内不得进行交叉作业。

（6）试验区域要保证距离发电机最大外径外 1 m 内空间内畅通无阻，且应用围栏将试验区域进行隔离，并张贴"正在试验，请勿进入"等标识，如图5-58所示。

图 5-58　发电机试验前防护示意图

（7）车间内噪声过大，影响到试验人员的正常沟通时，不得进行试验。

2. 发电机检查

（1）确认发电机装配工作全部完成。

（2）检查发电机锁定装置，应处于非锁定状态。非锁定状态的定义在试验方法中有明确规定。

（3）检查发电机，确保发电机上没有其他如刀片、胶带、扳手、大布等杂物。

3. 试验电缆连接

（1）接线时，控制箱上必须悬挂"禁止合闸"安全标识。开闭电源必须提前询问，确认无误方可操作，防止出现误操作。

（2）确保试验电缆接头处电气连接可靠。

（3）确保试验电缆接头（包括未连接的电缆）处与地面之间的绝缘。

（4）确保试验电缆接头（包括未连接的电缆，同一相的电缆除外）之间的电气安全距离，这里我们规定不小于 150 mm。

（5）确保发电机检测设备 NORMA4000 的测试电缆绝缘良好，没有破损。

4. 拖动柜检查

（1）确保供电电源为 690 V 交流电源。

（2）确保柜内各处电气连接无松动。

（3）确保拖动柜内干净整洁，保证没有明显的灰尘及油污。

（4）必须具备 ACS800 固件手册与硬件手册。

5. 发电机拖动

（1）在不合上拖动柜输出端接触器的状态下上电，根据试验方法文件上的规定，选择与被拖动发电机一致的用户参数，即选择 1.5 MW 或 2.5 MW 发电机。确认无异常后合上输出接触器。

（2）在按动启动按钮 ⬡ 验区内的安全状态，确认后启动。

（3）若启动时发电机反转或 8 秒内没有启动迹象则按动停止按钮 ▽，停止发电机运行，等待一分钟后再次进行。

（4）停止发电机的运行正确的操作是按停止按钮 ▽，不可用断开输出端接触器或输入端接触器的方式执行。

（5）变更发电机试验接线时，为确保安全，断开输出接触器即可，不应断开变频器输入电源，以确保变频器散热功能继续工作。

（6）在围绕发电机一周检测噪声时，要确保与正在运转的发电机保持安全距离。

（7）发电机未完全停止时，禁止进入发电机底部进行作业。

二、机舱调试安全要求

1. 通用要求

（1）员工必须遵守公司和总装厂的各项规章制度。

（2）员工作业前必须按要求穿戴与岗位相适应的工作服、劳保鞋和安全帽等劳动防护用品。

（3）作业员工必须具有国家中级（含）以上电工资格证书。

（4）非作业员工不得擅自进入试验区域。

（5）试验区域内应避免进行交叉作业。

（6）试验区域要保证在机舱偏航运动中不会触碰到周边物体，且应用围栏将试验区域进行隔离，并张贴"正在试验，请勿进入"等标识。

（7）车间内噪声过大，影响到试验人员的正常沟通时，不得进行试验。

（8）移动联调试验台时要避免颠簸，以保护试验台内部器件及接线不受破坏。

2. 机舱检查

（1）确认机舱装配及接线工作全部完成。

（2）按照试验手册中的规定检查液压系统堵头等试验中需要临时安装的零件应已安装到位。

（3）检查机舱与台车的连接螺栓应已可靠连接。

3. 试验电缆连接

（1）确保试验电缆接头处电气连接可靠。

（2）确保通讯电缆接头连接可靠，使用光缆的还要注意在使用过程中光缆不得打折或拧卷。

4. 试验中应注意的事项

（1）在进行偏航操作前，必须保证偏航余压功能已经正常。

（2）在进行偏航操作前，要再次核实机舱内外每一位工作人员都处于安全状态，并告知试验区域内的人员要进行偏航了。

（3）首次偏航时，要密切关注是否有偏航电机旋向不一致的情况，一经发现应立即停止偏航，向反方向偏航动作一次，时间不超过1秒。检查并调整相序后继续试验。

三、变桨调试安全要求

1. 通用要求

（1）员工必须遵守公司和总装厂的各项规章制度。

（2）员工作业前必须按要求穿戴与岗位相适应的工作服、劳保鞋和安全帽等劳动防护用品。

（3）作业员工必须具有国家中级（含）以上电工资格证书。

（4）非作业员工不得擅自进入试验区域。

（5）试验区域为叶轮最大外径再增加 1 m 的区域内，且应用围栏将试验区域进行隔离，并张贴"正在试验，请勿进入"等标识。

（6）车间内噪声过大，影响到试验人员的正常沟通时，不得进行试验。

（7）移动联调试验台时要避免颠簸，以保护试验台内部器件及接线不受破坏。

2. 叶轮检查

（1）确认叶轮装配及接线工作全部完成。

（2）接近开关和限位开关在试验前应处于远离挡块的位置。

（3）检查叶轮与台车的连接螺栓应已可靠连接。

3. 试验电缆连接

（1）确保试验电缆接头处电气连接可靠。

（2）确保通讯电缆接头连接可靠，使用光缆的还要注意在使用过程中光缆不得打折或拧卷。

4. 变桨试验中应注意的事项

（1）在每次进行变桨操作前，必须确保对应的变桨盘周边的人员处于安全状态，并提醒要进行变桨操作了。

（2）在进行齿形带张紧度调节时尤其要注意，每次变桨操作前都要确认试验区域内全部机械及电气人员处于安全状态；在设备运转过程中，任何人不得触碰运动中的部件。

 **复习思考题**

1. 绘制偏航测试流程图。

2. 电压偏差对感应电动机和照明光源各有什么影响？

3. 电力系统中性点接地的三种运行方式是什么？

4. 选择工厂的供电电压、高压配电电压和低压配电电压时要考虑哪些因素？

5. 旋转编码器的工作原理是什么？

6. 在发电机调试前应注意哪些安全事项？